THE FOUR WORKAROUNDS

Strategies from the World's Scrappiest Organizations
for Tackling Complex Problems

變通思維

劍橋大學、比爾蓋茲、IBM都推崇的
四大問題解決工具

Paulo Savaget

保羅・薩瓦加——著

洪世民——譯

目次 CONTENTS

PART 2 活用變通思維

推薦序

人人都需要變通思維

袁上雯

說人「不知變通」通常是貶意，意思是執著、拘泥於某些既定的框架，往往造成事情難以或無法解決。其實所謂變通、不變通，只是處事的方法、技巧、過程，目的都在於解決眼前事務；只要能把問題解決的，都算是好方法。

人類習於累積經驗，再藉由分析與統計，發展出一套處理事務的慣性。然而，事情總不會一成不變，當事情超過數據理解或經驗判斷時，就很依賴決策者的變通思維了。本書作者保羅．薩瓦加是牛津大學工程科學系及賽德商學院副教授，偶然間從新聞看到一名幾乎沒有額外受過什麼正式訓練的孩子，竟犯下世界規模最大、也最複雜的一起網路犯罪，他跳脫眾人對其犯罪行爲的譴責，開始好奇：這種以有限資源發展出達到目標的思維，究竟是什麼？

可以看出，此書提及的「搭便車」「鑽漏洞」「迂迴側進」與「退而求其次」四種變通方法，在日常語境都帶有負面意涵，但探究作者執筆的起心動念後，便能知道，若我們放下直覺式的道德批判，這些思維有助於找到重新看待問題解決的角度。像是「搭便車」讓我們能留意既有但乍看無關的關係，進而善用現有事物。「鑽漏洞」提醒我們，規則是死的，也能是活的。「迂迴側進」可以擾亂權力平衡，進而使原本壁壘分明的界線鬆動。最後，「退而求其次」是重整現有資源，或改變其用途，找到不同方法來完成工作。

有讀者可能認爲這些方法並不罕見，但是經過大量研究，做足田野調查，將這個概念系統化，並輔以許多可驗證的案例，這樣的書，在市場上並不普遍，也是其價値所在。作者將問題以「系統」爲基調，將四種變通思維做爲駭入與拆解的手段，探究企業家、學者、公司、非營利組織、社團等決策者是如何找到問題的破口。

衆所周知，醫學是一套嚴謹的科學，似乎不容一絲漏洞，但大至公共衛生，小至診間醫病溝通，所要面對的狀況卻是變化萬端，墨守成規往往無法順利解決問題，時時需要更靈活、更洞悉人性的應變機巧。本書諸多例證都與醫療相關，書中有精采的案例剖析。或許正因爲醫療行爲往往與生死直接相關，有時爲了拯救性命，突破框架成爲最爲緊急且必要的積極手段。

以切身經驗來看，我是一位皮膚科醫師，開設皮膚科診所已經十七年。診所每日需面對上百位患者，每位患者狀況不同，需求不同，雖然一套運作順暢的SOP便足以應付大部分的診所事務，但偶爾仍有科學、統計數據、甚至經驗難以預料的事情發生。

比方說，面對股癬或足癬（香港腳）這樣的病症，我所提供的專業建議會是：保持患部的乾燥，但是有些患者的工作恰恰是在廚房或沒有空調的廠房，那麼，該如何同時處理疾病與患者的生活環境呢？又比如患者的疔瘡已經紅腫化膿，三天後需要再回診抽膿，但他隔天就要出國，計畫要如何趕上變化？

這些難有對錯的情況，我還可以如何思考？如何與患者一起討論呢？

疾病的醫治對我來說，大抵不難，難的是出現疾病的生活習慣與環境要如何去改變？要如何陪伴患者找到符合他們需要，又能達到最大治療效果的變通方式，我認爲便是醫者醫心的重要關鍵。

回到《變通思維》這本書，我認爲不僅適合商管人士，只要曾經被問題困住的人都能從此書獲益，畢竟待人、接物、處事之複雜，變通才能讓我們在這充滿規則的世界，不至於受困於僵固與混亂，而能繼續前進。

（本文作者為皮膚科醫師、《所有的表面，都是功夫》作者）

推薦序

變動時代中，關鍵思維之一是「變通」

馬克凡 Mark. Ven Chao

現在創業其實比十多年前更加有機會成功，同時也更容易失敗。創業多年的我，運氣很好，經歷了網際網路時代、行動網路時代到現在的ＡＩ時代，可以存活下來。其實能存活下來，我認爲關鍵因子之一，就是「高速變通」。所以我在看《變通思維》的時候，十分有感，因爲書中講的四大方法，很接近我在創業過程當中的體悟。

我在自己的著作《關鍵思維》中也提過類似的概念，但我更加著重在心態上的面對與實際思考上的流程想法。從自己的經驗，我把類似的變通概念歸納成：順勢而爲、尋找破口、不完美前進和跨領域整合的論述來做呈現。至於《變通思維》的作者則是精煉出搭便車、鑽漏洞、迂迴側進、退而求其次四種方法，每個方法還用實例故事帶出可以參考的做法與準則，也貼心地一一列舉可能會遇到的問題與困難。值得一提的是，作者對於四種變通方法並非只提及它們帶來的正向作用，還從非法或有道德爭議的層面上，分析它們會導致的負向影響力。

話說回到現代創業，為什麼更容易成功、也更容易失敗呢？

可以想想，現今新的金融科技、AI與生醫領域都在突破創新，其對應的管理、人才培訓、商業模式都會革新，規則的制定就會重新洗牌，甚至舊有方法與做法會崩塌，這也讓機會點、可能性在瞬息萬變中越來越多。這是一個最好的時代，但要抓住機會的突破口，就要用變通的思維去適應變化莫測的狀況。掌握了變通思維，你就容易成功。拘泥舊有方法，不知變通，比較容易招致失敗。

所以我才會說，身在現代社會的關鍵思維之一，就是「變通」。你能如何掌握呢？既然快速變動已經是趨勢，那你必定要學習的，就是變通思維！只有掌握了事情發展的本質與核心關鍵，並透過變通的方式面對挑戰，才能成為新世代的關鍵人物。運用變通思維，抓住變動時代中的關鍵吧！

（本文作者為《關鍵思維》作者、IMV品牌執行長）

好評推薦

如果你厭倦了關於亞馬遜網站祕密的商業書籍，那就準備來接招亞馬遜流域偉大想法的驚奇吧。保羅．薩瓦加利用豐富的案例，介紹了「雜牌軍」組織如何解決看似棘手的問題，從雨林的非法砍伐到印度的種姓歧視，再到非洲撒哈拉沙漠以南的兒童腹瀉。他精煉了這些組織強大、靈活和創造性的方法。對於任何對非傳統問題解決方法感興趣的人，這是一本原創、激勵人心的讀物。

——奧利維．席波尼，《雜訊》共同作者

這是一本聰明的指南，爲各種困難找到有創意的解決方案，精闢的案例研究具啓發性。書中提出職場「適用的變通方法」建議，商業書讀者會喜歡。這本書眞的是睿智又冷靜。

——《出版人週刊》

針對經常阻礙我們計畫和落實變通方案的原因，本書有很棒的洞見。這種解決複雜問題的有創意又務實的方法，對於尋求創新途徑來獲得可行解決方案的讀者來說，會覺得耳目一新。大推！

——《書單》

除了講述一些關於巧妙利用漏洞和退而求其次策略的有趣故事之外，這本書還觸及哲學。

——《金融時報》

太有開創性了！

——《Next Big Idea Club》媒體

本書是一項不凡的劃時代研究……應該引起每個對商業決策和問題解決感興趣的企業高階主管、業務經理和企業家的注意。文筆相當精采，太有條理了，呈現也很出色，強烈推薦給個人、專業人士、社區、公司、學院和大學圖書館的商業管理藏書，以及MBA課程的研究清單。

——《中西部書評》（*Midwest Book Review*）

這本書幫助我們過上更快樂、更成功、更充實的生活。

——林愛倫（Jenn Lim），傳遞幸福公司執行長與共同創辦人

最高效的公司已經想出了如何「駭」進自己的問題，並使用四種變通方法來繞過障礙。不過這些「駭客」的手法也被所有創變者使用。閱讀這本書，可以學到如何在你的組織中發揮這四種變通方法。

——史蒂芬·布蘭克（Steve Blank），史丹佛創業學教授與矽谷連續創業家

作者的話

我早在還不會走路之前就開始運用變通方案了。那時我十個月大，拉肚子拉到快沒命。由於無法攝取食物和飲水，我嚴重營養不良、脫水、體重驟降、掉頭髮。我爸媽得設法保住我的小命。我的病症有兩種治療方式：配方奶和母奶。問題出在我媽已經沒辦法哺乳了，而我住的巴西地區買不到配方奶，母乳庫正在罷工。我的家人需要變通之道——而且得快。輾轉詢問，他們找到住在貧民窟的年輕媽媽，慷慨大方，願意在餵自己寶寶的時候一起餵我。我爸媽知道母乳有傳播愛滋病毒等疾病風險，但他們得賭一把、做選擇，就算這是不完美的選項。結果奏效。若非採取這個變通方案，我已經流失體內超過一〇%的水分，沒命了——就像那年全球一百七十萬個未滿五歲死於腹瀉的孩子一樣。

我爸媽採取了一條不同凡響但不循慣例的途徑，這也引出一個更大的議題。

我們在家裡、職場和整個社會中，時時遭遇錯綜複雜的難題。就算擁有全世界的時間和金錢，有時也找不到好的解決方案。那我們該怎麼辦，特別是不能等的時候？答案是：變通之道。

變通思維已幫助我度過重重難關；讀完這本書之後，你也會懂得怎麼運用。你會讀到怎麼用變通思維有效解決問題，又不致引發軒然大波。除了優雅地繞過我們遇到的阻礙之外，同時還可以在日常問題、當今世界最棘手的挑戰等各種處境中，探究不落俗套的替代方案。

前言

無人探索的隨機變通法

我原本沒打算研究變通思維的；我是在想方設法處理複雜問題時誤打誤撞。現在我是牛津大學工程科學系及賽德商學院副教授，所進行的應用研究聚焦於改變體制不平等。當上大學教師之前，我的背景結合了一大堆看似互不相干的活動。我走過的道路結合了我對進取精神的熱愛，以及對社會、環境挑戰的關切，例如：貧窮、不平等和氣候變遷。我共同創立過公司、指導過高階主管、投入過非營利事業，也擔任過各種背景的專案顧問，從大公司高層、跨政府組織，到亞馬遜偏遠地區和散布巴西各角落的貧民窟。

顧問工作讓我有機會一探與我成長背景截然不同的現實。不過，不論我是為高所得國家建議科技政策，或是在雨林裡為傳統居民評估社會方案，我的報告（其實還有我讀過的所有研究）都包含大同小異的建議，例如：「更積極主動地合作」「增進協調配合」和「致力於長期規畫」。這些建議沒有錯，只是太籠統。它們並未提出接下來的步驟，特別是在問題棘手、不容許我們耐心等待解決方案的情境。

於是我對經營管理人士的幻想逐漸破滅：看來商業大師傾向忽視那些沒有直接付薪水給他們的群體。更糟的是，過去十年，大公司一直試圖說服非營利組織向他們看齊。但我和非營利組織合作的經驗告訴我，小組織也會造成莫大衝擊，而且大企業能向他們學習到很多事。我把這些小型組織稱爲「雜牌軍」，因爲他們鬥志高昂、足智多謀，還在強權的邊緣作戰。雜牌軍組織腦筋要動得快，雖然明顯有些支絀，他們往往能出奇制勝、存活下來。但在商業世界，向這些「醜小鴨」學習創新的機智和務實的精巧，卻是無人探索的領域。

這鼓舞我注意那些掀起衝擊巨變的「叛逆者」——甚至罪犯。有一次，在工作延誤之際，我偶然在《紐約時報》讀到電腦駭客兼網路犯罪分子亞伯特·岡薩雷茲（Albert Gonzalez）轟動一時的故事。十四歲時，他已經是一群駭入NASA的惡作劇電腦怪客的首腦，在一九九五年吸引聯邦調查局注意。十三年後，幾乎沒有額外受過什麼正式訓練的他，犯下世界規模最大也最複雜的一起身分盜竊案，因而遭到起訴。最後統計，他和同夥聯手竊取了一億七千多萬組信用卡及ATM號碼。[1]

別誤會，我不是對岡薩雷茲的惡意動機深感興趣，只是訝異，他，以及其他許多駭客，在資源貧乏又欠缺訓練之下，竟能破解電腦系統。我對程式碼的事一無所悉，但駭客激起我的好奇，只是我當時找不到更多有關他們的資訊。管理學者似乎只在事關網路安全時才會對駭客感興趣，新聞記者則似乎更有意強化駭客的負面刻板印象，而非揭露他們究竟是**怎麼**駭的。儘管他們在電腦螢幕後面幹的事情令人著迷，對於他們的方法，我們卻知之甚少。

所以，我知道我該多去了解「駭」這件事了。

我們可以向駭客學習什麼？

我在劍橋大學開啓博士生涯，拿蓋茲獎學金，心裡只有一個疑問：我們可以向駭客學習什麼，並運用他們的方法來解決這個世界在社會環境方面最急迫、風險最高的挑戰？

在我進行研究之前，學術界從不把「駭」視爲理解或促成現實世界變革的手段。我從訪問駭客、弄清楚他們是怎麼做出那些事情著手。我發現迎面處理障礙是人的天性，但這往往會致使我們迎頭撞壁。駭客的祕密在於他們會蜿蜒穿過未知的領域，不正面對抗擋住去路的瓶頸，而是設法迂迴處理。這些變通辦法或許無法一舉解決全部問題，但能立刻讓駭客取得夠好的小成果——而且「快贏」有時可爲出乎預料的重大改變奠定基礎。

駭客把事情搞定的方法也讓我了悟：人通常會遵循傳統觀念，而傳統觀念會簡化我們對日常工作的反應。不妨想想你做一連串事情的「方法」：你製作義大利麵團的方法、使用榔頭的方法、應付權威的方法、寫電子郵件的方法……這些清楚的規則或慣例固然能助我們在不過分操勞的情況下把事完成，但也會使我們麻木，限制我們看見和追求無窮的可能性。不知不覺中，我們不會再去探索其他做麵團或用榔頭的方式，也下意識排斥新的因應權威之道，以及具有創意的電子郵件寫法。

隨著我深入線上駭客社群，我也發現「駭」不限於電腦世界。Gmail 創辦人及首席開發師保羅．布赫海特（Paul Buchheit）曾說過：「只要有系統，就有駭入的可能，而人間處處有系統。」[2]

這項發現是我研究的轉捩點。我恍然大悟，我最初的前提錯了；常被商業世界視爲「雜牌軍」的組織，基本上就是在「駭」他們自己的問題——就算他們不是用這個詞。經由迂迴繞過重重障礙，他們處理了至關緊要的問題，特別是就算竭盡所能也看似難以解決的麻煩，有時還能留下寶貴的遺產。

於是我將研究主軸置於探究「創變者」——企業家、學者、公司、非營利組織、社團，甚至還有決策者——是如何繞過障礙，在網內和網外「駭」掉形形色色的問題，從回應世界最棘手的一些挑戰，如全球疫情、性別不平等和貧窮，到各種日常不便。這個主軸帶我到意想不到的地方，讓我有榮幸能向雜牌軍組織學習，雖然他們並未得到應有的舉世讚譽。

變通大師的共同點

所有偉大的探索性研究都是從厚臉皮的窺探開始。研究人員就是想偷看未知。因此，憑藉蓋茲基金會、劍橋大學、福特基金會、桑坦德銀行、IBM政府事務中心研究獎助金的幫助，我在三年內多次訪問九個國家，研究「獨行俠」如何採用駭客般的手法處理醫療、教育、墮胎權、階級偏見、公共衛生、貪污等迫切問題。在追求「聰明修正法」的過程中，一群超乎想像的頂級橫向思考家，從醫師、部落領導人到社運人士，讓我獲益良多。

在向這些獨行俠學習後，該換我做研究人員擅長的事了：找出規律。這項任務比田野調查乏味得多。靠高濃度咖啡因和巧克力可頌加持，我花了好幾個月時間閱讀、綜合、分類、比較實地蒐集到的資料。

這些開拓者有什麼共同點呢？他們怎麼處理各自的問題呢？這些問題幫我找出一些反覆出現的主題：這些變通大師多半不信任權威、靠緊急事件不斷進步與壯大、思考跳脫傳統、行動隨機應變。然而，就算這些初期觀察對我的論文大有幫助，但感覺比較像導言而非結論。我愈思考這些規律，就愈想把焦點擺在透徹了解變通的**方法**。我鑽研訪談的逐字稿「讓資料說話」（研究人員相當喜愛的技術），盼能找出所有案例的脈絡。可惜的是，那些對話都是偏向一方的，我可不想把自己的資料扭曲成不可靠的自白。所以我往後退，重新把每個案例當成它自己的故事探究。一開始發生了什麼事？再來？再之後呢？

出乎意料的，我發現雖然場景、人物和情節設計各異，但這些故事竟然以類似的模式開展。當我抽離這些資料，然後細看每一個案時，規律冒出來了。我所有故事的主人翁都起碼用了四種變通方法的一種，我將它們命名為：**搭便車**、**鑽漏洞**、**迂迴側進**、**退而求其次**。

一認出這四種途徑，我開始發現，原來到處都是變通方案。當然，特立獨行的雜牌軍可能特別擅長運用這些靈活策略，但我逐漸注意到，變通方案不只出現在預算吃緊的創意組織，而是隨處可見，從影響深遠的法律案件到童話故事——我甚至發現它們散布在我決定**不要**學習的大公司。讓我意外的是，世界一些最強大的組織也會在面臨高風險和沒時間進行平常那種冗長決策過程時，訴諸雜牌軍的策略。

變通方案是拿來對付複雜問題的有效、多功能與可行方法。我們一起來一一探索這四種變通方案，藉由網羅它們各別、有時出乎意料的故事，充分了解它們的重要原則。這些故事的主角從家管到有權有勢的決策者不一而足。我們前往之處會從公海到隱密的數位領域；從大公司的會議室到發明家的實驗室；從德里市區到地表一些最難抵達的地方，例如：尚比亞鄉下。你會有機會潛入陌生的新環境，從非比尋常的故事中學習。這些故事會挑戰你對解決疑難雜症的看法，並證明變通思維可以如何助你應付自己反覆碰上的障礙。

〈PART 1〉將介紹什麼是變通思維，以及如何設想。〈PART 2〉將深入探究如何培養變通的態度和心性，包括如何省思你平常看待、評斷和處理障礙的方式。接下來，我會指引你可以怎麼有系統地構思問題的變通解法，以及怎麼讓你的工作場所變得更適於變通。最後我會和你一起想想變通思維可以怎麼助你應付有時亂七八糟的日常生活。

藉由分享自己的研究，我的目標是讓你能發覺自己已經在用的變通思維，思考不同的策略可能怎麼改變你看待和因應挑戰的方式，並學會評估沿途遇上的新障礙，以及與之互動的基本原則。所以，如果你對一頭鑽進非比尋常的故事、挑戰自己換種方式思考決策和管理策略，以及反抗現狀來解決問題感興趣，請你讀下去囉。

PART 1

四種
變通思維

變通方案是有創意、靈活、熱愛不完美的問題解決途徑。變通方案的核心是忽略、甚至挑戰問題該如何解決，以及由誰來解決的慣例，在傳統解法發生系統性失靈，或是你欠缺必要的權力或資源來依循傳統途徑的時候，特別適合採用變通方案。

變通思維有四種，每一種都運用不同的態度。「搭便車」是利用既有但乍看無關的系統或關係。「鑽漏洞」仰賴選擇性應用或重新詮釋歷來界定情境的規則。「迂迴側進」是打斷或擾亂自我強化的行為模式。最後，「退而求其次」是對現成資源改變用途或重新整合，找到不同方法來完成工作。

人人都可能偶然用上變通方案，但只要明白怎麼使用，你就可以刻意實踐它們了。

1 搭便車

擔任顧問時，我曾拜訪巴西亞馬遜流域一個只能搭船抵達的偏遠地區。當地居民住在環境保護區內，但因爲財力拮据又與都市隔絕，他們只能獲得少數工業產品。我一到達，他們就大方地邀我共進午餐，拿當地佳餚招待我，包括來自亞馬遜河美味可口的魚，我從沒吃過，還有一瓶可口可樂。

不管我去到哪裡，都一定會見到像可口可樂和百事可樂之類的無酒精飲料。我之前完全沒想過一箱可口可樂能扮演這樣的角色：幫助試圖繞過重大阻礙的人士將救命藥物帶到需要的社區。所幸，曾有一對夫婦努力爭取，利用現有可口可樂的物流來處理藥品流通的難題。他們饒富創意的途徑，就提供了一種變通思維的例證：我將它稱爲「搭便車」。

我們常被規律和習慣的惰性束縛，忘了尋找打破傳統的連結；「搭便車」的變通思維可助我們找到突破藩籬的機會。這種出色的策略人人適用，從低所得國家[1]的非營利組織到矽谷的大企業皆然。在更深入探究我從這對夫婦身上學到的課題之前，不妨先看看「搭便車」包含什麼。

何謂「搭便車」？

「搭便車」讓我們迴避各式各樣的障礙，運用看似不相干的關係來解決問題。因爲「搭便車」是以多方參與者或多種系統的互動爲基礎，關係因事而異。這類行爲不只見於人類互動——可能還發生在自然界任何地方。

套用生物學術語，「共生關係」利用了生態系統「已經存在」的東西，這些關係可能是互利、片利或寄生。[2]

互利共生的關係讓兩個物種皆受惠。例如：鰕虎魚和蝦子長時間一起待在蝦子挖掘並維護的洞穴裡面和附近。蝦洞提供鰕虎魚藏身處來躲避天敵和產卵，而鰕虎魚投桃報李，會在天敵逼近時用尾巴碰觸幾近全盲的蝦子做爲警告，要牠們趕快退回洞穴。

片利共生是其中一方從關係獲益，另一方不受影響。比方說，嬌小的鮣魚會吸附在鯊魚等大型動物的鰭上。鯊魚幾乎感覺不到鮣魚存在，但鮣魚可享「免費搭乘」、撿殘羹剩菜和防禦天敵之利——牠們的天敵可不敢太靠近鯊魚呢。

如多數人所知，寄生是一種生物受惠，另一種要付出代價的關係。想想蛔蟲的例子就好：這種寄生蟲利用宿主取得食物、水和繁殖空間，而宿主會在過程中受害，出現發燒、咳嗽、腹痛、上吐下瀉等症狀。

「搭便車」的變通方法與共生類似：組織之間的關係可能是互利、片利或寄生，有時採取的共生模式也令人驚訝。隨著瀏覽幾個雜牌軍組織的例子，我們會目睹不管是運用的關係也好，追求的目標也好，「搭便車」有多靈活。

搭可口可樂的便車

現在讓我們回到可口可樂，以及那對想出卓越構想、利用汽水配銷的英國夫婦：珍和賽門．貝瑞（Jane & Simon Berry）。兩人成立非營利組織可樂生機（ColaLife），成功搭上可口可樂等現有快速消費品網絡的便車，繞過障礙，將腹瀉藥品送抵尚比亞偏遠地區。

我是在BBC上偶然看到貝瑞夫婦的事蹟，那時他們剛贏得倫敦設計博物館的年度產品設計獎，由BBC做專題報導。[3]獎項是在二〇一三年頒發，但讓他們得獎的概念，很早以前就構思了。一九八〇年代，賽門曾參與一項英國援助計畫：針對尚比亞農村社區進行的整合發展專案。當時他就驚訝地發現，可口可樂唾手可得，救命藥物卻付之闕如。甚至連民眾買得起、治療該國一些最普遍死因（例如：腹瀉）的成藥也不例外。

賽門的構想聰明又簡單：繞過藥品流通面臨的系統性問題，利用可口可樂的物流，眞的是名副其實的搭便車：在可口可樂的板條箱裡，瓶瓶罐罐間的空隙，塞進一包包治療兒童腹瀉的便宜簡單藥物。賽門和珍亟欲實地測試這種搭便車的方式，但首先他們必須了解，自己想要繞過哪些障礙。

為什麼問題還是問題？

第一次想到「搭便車」這種變通方案之際，賽門和珍並不清楚腹瀉何以是如此長久無解的問題。他們知道腹瀉奪走很多孩童的性命，藥品又無法深及尚比亞的偏遠地區。在研究搭可口可樂物流便車，讓偏遠地區也能獲得治療的可行性時，他們發現兒童腹瀉是當代最嚴峻的問題之一；在撒哈拉沙漠以南的非洲，腹瀉是五歲以下孩童第二常見的死因。根據美國疾病管制與預防中心的資料指出，在二〇一一年貝瑞夫婦創辦可樂生機之際，腹瀉每年害死了八十萬名孩童。[4]在兒童間的死亡率比愛滋、瘧疾、痲疹加起來還高。[5]

公部門對腹瀉傳染病的回應通常需要高度協調，要有面面俱到的政策和多方投資。[6]但像尚比亞這種低所得國家的政府卻面臨多重限制，包括欠缺資金、基礎建設不良、管理不當等等。二〇〇〇年代初期，只有五〇%的農村人家在方圓五公里內有醫療機構，尚比亞衛生部也承認，基礎建設不夠充分、農村人口稀少、交通工具等聯外資源不足，以及時程安排不當，都是使公部門難以讓醫療遍及全國各地的因素。就算是醫療機構存在的地區，也不時面臨藥品供應短缺。[7]長期而言，改善基礎建設，比如鋪設更好的道路或增設醫療供應站，可能有幫助，但這要耗費巨資，且因各種潛在的社會、政治、經濟阻礙而難以執行。[8]現在的情勢太過嚴峻，不容坐等遙遙無期的公共解決方案。

那麼，要是透過私營組織配銷世界衛生組織推薦的藥物：電解質口服補充液（以下簡稱ORS）和鋅呢？ORS加鋅是非處方藥物，可在家中給藥，而且相當便宜。就算在偏遠地區，也已經有配銷網存在；有商店販售糖、食用油，和無所不在的可口可樂等產品。所以，爲什麼在這些店裡買不到ORS和鋅呢？

遺憾的是，私營組織也有一些路障。雖然低所得地區有藥物需求，但治療低所得地區的疾病卻非全球市場的首要之務，要麼就是因爲直接銷售給窮人的利潤太低，不然就是因爲資金短缺政府的購買力薄弱。另外，藥局之類的零售商也相當稀少。二〇〇八年，尚比亞只有五十九間藥局，其中四十間集中在首都路沙卡。尚比亞法律規定藥局需聘藥師，但全國藥師不及百人，因此抑制了藥局擴展。[9]在此同時，基礎建設不良和運輸服務受限也阻礙了產品在藥商、批發商和零售商之間的流動。

既然有重重障礙阻止腹瀉藥物在尚比亞的流通，這就表示，找到變通方法的機會也很多。

測試「搭便車」

變通方案需要改變我們平常處理問題的途徑。「搭便車」變通法需要我們將注意力從「缺少什麼」轉移到特定情境的「已經有些什麼」。這正是賽門和珍的做法：他們評估環境的潛力，認清維繫地方自主的必要。一九八〇年代賽門曾受雇於英國國際發展部，住過尚比亞一陣子，致力於當年堪稱革命性的計畫：將管理工作移轉給地方社區。到了二〇〇〇年代初，賽門發現各國際發展組織在當地實行的計畫已造成依賴，而且計畫目的在「填補空白」，把低所得地區視爲資源匱乏的地方對待，並非培養在地能力、發展地方活動。

當貝瑞夫婦決定測試他們的「搭便車」變通法時，據賽門說，他們是秉持以下精神來打造的：「發展中國家的每一個問題都可以透過已經在當地的人民和系統加以解決。沒有必要引進新的人員或並行系統……重點是怎麼讓已經在當地的人、事、物運作得更好，更協調一致。」因此，他們可以怎麼得益於可口可樂和其他在尚比亞運作順暢的快速消費品的物流，來解決迫切的健康議題呢？他們要從何著手呢？

賽門在臉書發文提出把藥品安插在可樂瓶空隙的構想。構想透過臉書的「讚」和「分享」迅速傳播，吸引 BBC 撰文報導。[10]特別報導刊出後，珍和賽門應邀前往可口可樂歐洲總部，該機構再把他們介紹給南非米勒（SABMiller）：可口可樂在尚比亞的裝瓶業者。他們也設計了藥品的三角形包裝，可安插在可樂板條箱裡的瓶與瓶之間。拜此創意設計之賜，他們得以籌募到資金，然後在尚比亞的兩個行政區進行一場探索性試驗，測試他們的構想。

他們很快發現這種「搭便車」是片利共生：對可口可樂和南非米勒沒什麼利弊，卻可以幫助病童。可口可樂的配銷是地方分權，就連可口可樂的經理人都不見得知道瓶子要往哪裡去——瓶子的流動非常需求導向。在尚比亞等國的配銷需要一群地方業者參與，從大型超市，到人口稀少地區的微型商店店主。許多配銷商都協助讓瓶子在都會和鄉村之間移動，有些業者甚至是用橡皮帶把可口可樂的板條箱捆綁在腳踏車上載運。這些獨立自主的參與者，不分大小，每一位都在瓶子從生產者送到全國各地消費者的旅程中扮演要角。

南非米勒介紹貝瑞夫婦認識購買可口可樂的批發商，而這些連結幫助他們找出這條供應鏈的其他關鍵成員，也就是讓汽水深入該國每一個角落的要員。貝瑞夫婦和許多小店主洽談藥物販售事宜，也和可口可樂配銷鏈的不同業者，例如：零售商和配銷商商議，藉此了解如何和業者互動與互蒙其利。這場探索性試驗還有一部分是可樂生機和照顧者合作設計了「生命組合包」（Kit Yamoyo）：將含ORS和鋅補充錠這兩種抗腹瀉藥物包裝在一起。

在追求更遠大的願景之際，可樂生機迎面撞上一連串小小的路障，不過貝瑞夫婦也以變通方式解決了。他們得知如果量杯取得不易，要準確地給藥有多難。因爲照顧者無法靠自己精確測量溶解ORS需要的水量，「生命組合包」的三角包裝也具備量杯的功能。

當地管制限令也形成挑戰。可樂生機曾在包裝裡加了一塊肥皂，讓照顧者可以先洗手再給藥。但尚比亞藥品管理者告知肥皂不可和藥品置於相同容器，因爲兩者分屬不同產品類別。賽門和珍不違抗也不順從法令，反倒靈巧地運用「搭便車」的思維：他們設計了一款肥皂盒可嵌入包裝上層，讓肥皂和ORS及鋅分開。如此一來，他們就可以同時兼顧兩類分開放置的產品了。主管機關很滿意，貝瑞夫婦也得到他們想要的。

在一連串諸如此類的變通措施後，試驗的結果相當驚人。短短一年期間，實施干預地區的合併療法攝取率從不到一%提升到四六・六%。尚比亞其他地區（做爲對照組監控）沒有發現類似的變化。[11]

此試行計畫的結果也顯示，要擴大藥品可及範圍，並確保物流持續穩定，珍和賽門必須脫離僅使用可口可樂配銷網的模式。雖然測試成功，但可樂生機成功的核心要素卻不在於將藥品插入可樂板條箱的策略——事實上，配銷商通常不會「浪費時間」把組合包塞進瓶罐之間的空隙，而是乾脆把它們和其他要運送的貨物捆在一起。

另外，原始的配銷模式需要珍和賽門人在尚比亞，但這對夫婦並不打算長留在這個醫療供應系統。就像珍告訴我的：「我們不會永遠待在那裡。那裡有好多計畫開展，都是五年期計畫，他們也用五年改變了當地的面貌，然後就離開了，一切又回到原點，甚至比之前更糟……我們所做的一切，都是為了我們離開後打算，可說是為自己的離任做好規畫。」

「搭便車」升級

珍和賽門知道他們必須確保藥品物流能夠自力維持、有利可圖且具恢復力；因此他們必須採用更整合式、更互惠的途徑來模擬可口可樂的價值鏈。他們必須保證這條藥品物流的所有參與者，從起點的製藥業到終端的零售商都能獲利；否則就可能有人退出而危及藥品流通。換句話說，夫婦倆再也不能只搭可口可樂板條箱的便車，必須運用整個關係網絡來落實配銷。

在測試成功後的那四年，他們透過一個讓整條物流鏈皆受惠的策略，擴大自己的影響力。可樂生機將「生命組合包」的智慧財產權無償、非獨家提供給在地藥商 Pharmanova。他們也協助 Pharmanova 執行產品設計和包裝，甚至為該公司進口機器，且贊助一些行銷活動。藉此，他們提升該公司從生產「生命組合包」獲利的機會，使它穩健營運，因而足以提供質、量兼備的藥品來滿足尚比亞所需。

可樂生機也和配銷鏈中段的代理商合作，包括和大型超市、藥局及批發商聯繫，確定他們直接向 Pharmanova 取得藥品並上架。這些參與者至關重要：要靠他們直接販售藥品給照顧者和其他小型零售商及配銷商，比如將藥品運往偏遠地區的配銷商。在鄉下地方，小商店是多數照顧者的主要接觸點，但也是最脆弱的。在當地一個非營利組織的幫助下，可樂生機訓練了數千位店主指導照顧者給藥。非營利組織也教店主商業技巧，幫助他們建立持續進貨、提供產品的能力。

可樂生機也以變通方式解決資金限制，利用大型業者的資源和作業。比如在透過私部門推廣「生命組合包」時，珍和賽門遇上美國國際開發署（以下簡稱USAID）贊助的一項計畫。該部門握有行銷藥品的預算，於是夫婦倆搭上USAID行銷預算和訓練的便車，讓「生命組合包」跟著USAID產品組合裡的其他藥物一起推廣。

很多看似微不足道的小小變通方案，也創造了人人受惠的藥品流通，幫助止瀉療法在尚比亞日漸普及。當所有參與者都能從維持藥品流通獲利，可樂生機明白它已順利將藥品流通拓展至近二十個行政區，也優於初步測試的成果。

可樂生機在私部門採行的變通之道也創造了動力，解決一些阻止藥品透過公部門配送的系統性問題。珍和賽門特別想打入公部門，是因爲公部門才有能力治療全國各地更多兒童。他們知道自己可以幫助政府迂迴解決資金和基礎建設的問題。所以他們幫Pharmanova創造了政府版的「生命組合包」，由尚比亞衛生部採購，在全國醫療機構，以及十四個行政區的社區衛生工作人員免費提供。再一次，可樂生機支援並結合了來自配銷鏈所有參與者的資源，從製藥公司到發配藥品的工作者，例如：醫師、護理師、社區衛生工作人員等等。

可樂生機開始運作約四年後，該組織已搭上諸多既有商品物流的便車，透過公私部門運送當地製造的止瀉療法，深入鄉間，且一般人負擔得起。我在二〇一七年到尚比亞時，Pharmanova平均每天銷售一千四百包，是其產品組合中最暢銷也最有前景的產品，這些藥品在干預地區的使用率也從平均一%提升到五三%。[12]

搭世界衛生組織的便車

珍和賽門回到英國，留給尚比亞自給自足的止瀉藥品物流。而且熟悉醫療產業的「運作方式」後，他們又看出一個運用變通方案顛覆傳統的機會，而這一次只要坐在倫敦的沙發上就可以執行。他們明白，若能成功，就能將可樂生機的影響力擴展到其他許多低收入國家的人民，那些百姓跟過去尚比亞的民眾一樣，缺乏取得適當止瀉藥品的管道。

在尚比亞，珍和賽門了解政府以往傾向分開採購和分配ORS和鋅，就算兩者都是治療腹瀉所必需。也就是說，醫療機構常缺少兩者之一，而醫生會開ORS不開鋅錠，因爲他們不清楚世界衛生組織推薦合併療法的事。把ORS和鋅包在一起有助於避免諸如此類的問題，且珍和賽門握有證據：二〇一六年，他們蒐集的資料顯示，在尚比亞，就算醫療機構同時有ORS和鋅的存貨，但若分開包裝，也只有四四％的病例兩者兼得。反觀若ORS和鋅包成一包，就有八七％的病人獲得合併療法。[13]

那麼，珍和賽門要怎麼讓ORS和鋅包裝在一起變成常態，而非例外呢？

即將告別尚比亞時，珍和賽門注意到世界衛生組織的「必要藥品清單」：類似基本藥物檢核表，設計給全球國家政府採用。[14]清單中所列藥物都是世界衛生組織判定任何國家醫療系統都不可或缺，而各國決策者常用它來研擬本國的必要藥品清單（用於確立公共藥品採購的優先順序）。並非所有國家皆遵循世界衛生組織的領導並仿製清單，但低所得國家常這麼做，因爲他們仰賴國際組織的資金，而國際組織傾向優先給予世界衛生組織榜上有名的藥品。因此賽門和珍想要搭那份清單的便車。以充分的數據支持他們的訴求，可樂生機找一群全球健康專家合作，順利將「共同包裝」（co-packaged）一詞附加在清單已經有的療法「ORS＋鋅」之上。

這個新概念不需要花太多工夫：如果能搭上世界衛生組織建議事項的便車，他們就不必說服各國政府採用合併療法，因為政府就是依世界衛生組織的建議制訂採購決策。[15]現在斷言這項變通方案會造成何種全面影響力尚嫌太早，但很有可能，世界最貧窮國家接觸正確止瀉療法的兒童數，會呈倍數增長。

互利關係

我們已經看到「搭便車」可以如何共生的一例：可樂生機是從一個目標起步——將藥物嵌入可樂瓶間隙，讓藥品免費搭便車到偏遠地區，送抵需要的兒童。隨著干預措施逐步升級，可樂生機開始致力於更互惠的策略，確保製藥商、當地配銷商、批發商和零售商能夠連成一氣，繞過根深柢固、妨礙藥品流通的障礙，並且都能從中獲利。就算目標不像拯救兒童性命這麼高尚，但這種互惠關係也可能發生。我們再來轉向一個多少有點出乎意料的例子：廣告。

「米飯」搭M&M's的便車

廣告界的「搭便車」可回溯至一九五〇年代，美國的電視廣告長達整整一分鐘的時候。電視廣告能讓產品有效觸及彌足珍貴且愈來愈大的消費族群——光那十年，擁有電視的人口從九％成長到八七％，有電視的家庭通常也較大又較年輕。[16]比起沒有電視的人家，他們擁有較多電話和冰箱，也買比較多新車。[17]一九五一年的電視廣告營收才四千一百萬美元，短短兩年就暴增到三億三千六百萬美元。[18]

儘管電視蓬勃發展，諸如全美廣播事業者聯盟（以下簡稱NAB）等主管機關卻沒有跟上腳步。NAB制定並強制執行《電視法規》，目的在減少廣告亂象，避免電視台廣告氾濫。它容許一段標準休息時間，包含一則六十秒的廣告，電視台可以把每一個長一分鐘的時段賣給一個贊助商。這個規則原本是爲電台，不是為電視設計，但隨著電視產業日益茁壯，對單一贊助商而言，六十秒的時段變得既昂貴又沒什麼效用。

按照NAB規定，唯一可共享時段的辦法是整合式廣告：由兩種品牌銷售有關係的產品（例如：奶油和麵包）一起打廣告。這類廣告要用同樣的情節、同樣的演員，但同時促銷多種產品。整合式廣告對品牌同化的效果大打折扣，也沒有提供業者因地制宜的彈性。[19]要是一家公司在加州和紐約賣麵包，另一家公司只在紐約賣奶油，兩家公司就不得一起打廣告。

一九五六年，班叔叔（Uncle Ben's）的「米飯」和M&M's開創了後來所謂的「搭便車」廣告：兩種以上不相干產品的廣告塞進單一時段接連播出。[20]意思就是：一家公司向電視台買時段，另一家（或幾家）搭便車，並和正式贊助商分攤成本。這種變通方案在主管機關之間引發相當大的爭議，但贊助商並未違反規定。搭上便車，廣告商便能繞過NAB設下的管制障礙，將每花一塊錢的產品曝光極大化。「搭便車」廣告改變了行銷策略，讓不同規模和產業的公司都能提高品牌曝光度、擴大客戶群。

廣告贊助商了解他們必須在每項產品的廣告次數和個別訊息的長度之間找到最有效的平衡。據他們觀察，就電視而言，頻率勝過長度。要是消費者沒有持續接觸到某則廣告，那它很快就會被遺忘。另外，當時多數家庭只有一部電視，因此廣告必須吸引闔家大小。這種廣告要以獨特的銷售主張和清楚的視覺呈現傳達簡單的主題。

接著要靠一再重複，讓簡單的標語和產品連起來——就像M&M's的「只溶你口，不溶你手」。[21]要傳達這樣的訊息，贊助商不需要六十秒。這種互惠變通方案的好處是如此顯而易見，以致在第一次班叔叔和M&M's共享時段的十年後，每週平均有三百五十則「搭便車」廣告在電視網播出（據估約占所有插播廣告的二〇到二五%）。[22]

常見的「搭便車」客人包括銷售大量生產、低單位價格物品的製造商，比如寶鹼、必治妥、通用食品和高露潔—棕欖等等。但這種變通方式也可讓小公司受惠。雅碧濤化妝品公司（成立於一九五五年，二〇一〇年轉售給聯合利華時營收成長至十六億美元）早期就是「搭便車」廣告的著名捍衛者。該公司主張「搭便車」廣告幫助了像他們這樣永遠沒辦法獨力支應完整六十秒時段的小公司取得電視曝光機會、和大企業競爭。[23]

雲端「搭便車」

讓我們快轉到當今的超連結時代，許多藍光螢幕上的內容似乎永遠看不完的時代。雖然拜奧運、總統大選和美式足球超級盃等事件類節目所賜，美國傳統電視廣告支出仍在增長[24]，但電視聯播網，比如有線電視的收視率，在兩歲到四十九歲之間的人口持續下探。[25]在數位媒體投入廣告預算已成爲主流。當收視習慣改變，行銷策略自然也要改變。

面對數位平台內容的創造和擴散速度，以及管道數量激增，許多公司已運用「搭便車」策略做出極具創意的應對方式。從網路發展之初，銷售互補商品的公司就運用線上媒體廣告互相拉抬，代替花大錢買廣告。這些中小企業的市場人口類似，但他們的產品，例如：咖啡、牛奶或西裝、皮鞋，並非相互競爭。

隨著網路公司獲得愈來愈多數據，「搭便車」逐漸變得遠比從前複雜且更具針對性：他們不再鎖定「買西裝的美國商人」，而是開始依據我們的網路搜尋，個別鎖定你我每一個人。你或許已經注意到，當瀏覽某個電子商務網站、搜尋某樣商品而未購買，之後你就會在不同網站或社群媒體看到相關品項的廣告。這就是網路平台使用的一種互惠變通方案。特定網域有效的cookie（用來在你使用某個網路時識別出你的電腦的小數據段），會限制公司蒐集資訊和對顧客展現相關廣告的能力。但只要互搭便車，多個平台就能將cookie同步化，繞過這類限制，提出你已心動想買的東西淹沒你。

片利關係

隨著數位媒體廣告崛起，也衍生出其他許多搭便車的機會，但不是所有機會皆爲互利或雙方同意的。有些是片利共生，也就是一方得利，另一方沒什麼影響。廣告商特別喜歡搭片利的便車，利用現有的運作且不造成傷害。但如果不小心，公司就有可能捲入公關危機。讓我們看看一些片利廣告的例子，其中有些爲公司帶來成功，有些則把公司拖進泥淖。

奧利奧贏得超級盃

二〇一三年奧利奧餅乾最多人轉推的推特貼文，是針對一起意外事件的成功回應。當年超級盃進行到第三節時，一場停電使球場熄燈三十四分鐘，奧利奧的社群媒體團隊就在十分鐘內發布一則推特廣告，寫著：「停電了？沒問題」，接著秀出一片奧利奧，以及一句圖說：「黑暗中你還是可以泡餅乾吃。」擁有奧利奧的跨國企業億滋國際組了一支十五人社群媒體團隊，隨時對超級盃場上發生的事件做出反應。掌管比賽日奧利奧推特貼文的數位行銷總裁在接受《連線》雜誌訪問時說：「一停電，就沒有人會分心了——沒其他事情可做了。」[26]他的意思是，一旦電力中斷，很多人就會回去看手機打發時間，直到球場電力恢復——

這是消費者看到推特廣告的絕佳機會。因此，如果你在那三十四分鐘於推特搜尋#SuperBowl或類似標記，就會看到「奧利奧趨勢」，使品牌曝光率大增。而這趟便車雖使奧利奧直接獲益，超級盃本身則沒有因爲奧利奧的廣告賺到或失去什麼。

海綿寶寶免費搭車

電影《海綿寶寶：海陸大出擊》的行銷人員也展露了「搭便車」的才幹。在派拉蒙發行該片一星期後，對手環球影業推出一部極獲較年長觀眾青睞的電影。你可能記得《格雷的五十道陰影》那幾張挑逗的海報：一個謎樣的人物背對鏡頭站在高樓辦公室裡，圖上文字寫著：「格雷先生要見你了。」海綿寶寶行銷團隊仿造了這張克里斯欽．格雷的海報，但有明顯認得出來的海綿寶寶剪影，加上這句話：「海綿寶寶先生要見你了。」[27]你可以想像看過《格雷的五十道陰影》的爸媽會心一笑，也被提醒要帶孩子去看海綿寶寶電影。海綿寶寶得利，而《格雷的五十道陰影》毫髮無傷，因爲這兩部片並非競爭同樣的觀眾群。

百事可樂的公關失誤

廣告做得好，公司只要付出小小的投資，就可透過這種互利策略獲得大大的宣傳。但如果策略執行不當，反應快速的廣告也可能產生反效果，讓公司看起來唯利是圖、不擇手段。這就是二〇一七年百事可樂搭上「黑人的命也是命」浪潮發生的事。百事可樂在 YouTube 的廣告影片借用該運動的影像，展現年輕抗議者微笑、拍手、擁抱、擊掌、舉著訴說「加入對話」（Join the conversation）的標語。高潮一幕是白人女性坎達兒．珍娜（Kendall Jenner）拿給警察一罐百事可樂，贏得警員感激的傻笑，以及抗議群眾的認同。[28]

百事可樂試圖用片利的策略搭「黑人的命也是命」的便車，希望在不致不利於該運動之下贏得公關好評。但這段影片嚴重偏離目標：它立刻被譴責淡化警察暴力的危險、漠視抗議群眾感受到的挫折、為一己之私企圖拉攏這場抗議警方殺害黑人的運動。社運人士說百事可樂描繪的恰恰與他們親身經歷的警察暴力相反，而且有些評論像病毒般瘋狂流傳。諾貝爾和平獎得主小馬丁．路德．金恩牧師的女兒柏尼絲．金恩（Bernice King）在推特貼了一張她的父親被警察推開的照片，說：「要是當時爹地知道#百事可樂的力量就好了。」社運人士、「黑人的命也是命」主要發言人德瑞．麥克森（DeRay Mckesson）也貼文道：「假如我帶著百事可樂，也許就絕對不會被捕了。誰曉得呢？」

百事可樂原本寄望強化品牌形象的舉動，卻在社群媒體引發負評如潮，以及敗壞公司聲譽的拒喝行動。百事可樂不是第一家錯估形勢、沒料到欠缺道德判斷亂搭片利便車會惹來一身腥的公司。知名服裝公司美國服飾二〇一二年以「珊迪颶風特賣」為訴求的腦殘廣告就可引以為鑑。該零售商發送大量電子郵件，主要給災情最慘重的地區，提供二〇%的折扣，「以免你在暴風雨期間覺得無聊」。那可是當年大西洋颶風季最致命、最具破壞力的颶風之一，橫掃八個國家奪走兩百三十三條人命，造成近七百億美元的損失。[29]

美國服飾試圖搭上媒體關注颶風的順風車。但它的電子郵件卻給人卑鄙、投機、想發國難財的感覺。

趕潮流搭片利的便車來吸引公眾注意，或許是個看似活潑生動、切合時事的好策略，但也有它的風險。儘管這些公司的「搭便車」廣告是設計成片利共生，受眾卻覺得他們是寄生，會傷害受影響的當事人。因此，在實行片利變通方案之前，先問自己：別人會做何感想？

寄生關係

搭便車的干預措施也可能**設計**成寄生。其中有些便車，例如：惡意軟體，是用來進行網路犯罪的，它會僞裝成合法軟體，嘗試搭合法軟體的便車侵入用戶的系統。同樣的，釣魚電子郵件也是搭民眾信賴的組織，比如政府機構或企業公信力的便車，企圖獲取用戶名、密碼或信用卡細節等資料。違背直覺的是，並非所有搭寄生便車的案例都令人不悅——我們就來看一些正面的例子。

極有成效的寄生

Airbnb 實行了一種顛覆傳統的寄生便車行銷技巧：雖有道德疑慮，卻證實是神來之筆，協助這家新創公司大幅拓展用戶基礎。

二〇一七年，Airbnb 在世界各地的房源比五大飯店企業加起來還多。對一家草創於二〇一〇年八月、從兩名設計者在舊金山家中閣樓以三張充氣床墊提供住宿起步的公司來說，這是相當驚人的成就。他們繼續創立平台，把有房間和住宅要租的人，以及想要找地方過夜的準顧客連結起來。這兩位創辦人知道自己提供的服務前景大好，但因爲財力拮据，他們需要用便宜的方法建立市場。

當時因爲欠缺預算，傳統付費廣告的行銷路徑不可行，所以兩位 Airbnb 的創辦人只好尋找變通方案。他們知道自己的目標受眾：需要住宿但不想待飯店的人，都在 Craigslist 上，它已建立龐大的客戶基礎，但論及客戶經驗，就不夠水準。

Airbnb 成長的轉折點出現在二〇一〇至一一年，也就是該公司開始透過寄生 Craigslist 平台、竊取對手用戶期間。每一次 Airbnb 上的房主建立房源單時，

Airbnb 就會寄一封電子郵件給他們，信中附有可開啓網頁的連結，讓使用者自動跨版發布在 Craiglist 的房源單上。Airbnb 向用戶（房源提供者）解釋，增加曝光可以帶來更高的收益。當瀏覽 Craigslist 的人見到來自 Airbnb 的房源，他們會點下連結，導向 Airbnb。對 Airbnb 而言，這是免費的網站流量，帶來新的註冊，包括新的房源和準房客。Airbnb 的房源表單優秀得多：它爲房源提供專業攝影服務、更便於使用的經驗，以及客製化的廣告。最後，使用者開始有住宿需求就直接上 Airbnb，忽視 Craigslist 的存在。Airbnb 迅速攻下 Craigslist 一部分的市占率。

雖然這種整合方式提供了迫切需要的流量，也擴大該公司的客戶基礎，但據說 Airbnb 也發電子郵件給已使用 Craigslist 的用戶，慫恿他們試用 Airbnb。那些信件告訴已在 Craigslist 張貼度假租屋的收件者在 Airbnb 貼文有多簡單，且他們的房源會自動跨版發布在 Craigslist 上。當 Craigslist 終於明白事情眞相，攔阻 Airbnb 的跨版發布時，這家新創公司已經超越對手了。[30]沒花一毛廣告費，Airbnb 已經起飛。透過這些巧妙的寄生式「搭便車」策略，已有數十萬民眾發現 Airbnb，時至今日，這個曾經的雜牌軍已成爲矽谷的傳奇。

搭便車的目標

正如「搭便車」干預法可能利用多種不同的關係，它也可以達成不同的目標：能用來改進現行實務、多樣化或擴充現有服務，或是創造全新的發展途徑。下面我們將針對上述幾項各舉一個例子，讓你了解可以怎麼從尋找未開發或未充分利用的連結獲益。

改進現行實務

讓我們從一個基本的問題開始：「搭便車」可以怎麼建立在現行實務的基礎上？你可能聽過微量營養素缺乏症，也稱爲「隱形飢餓」，可能損害一個人的身體及智力發展，通常沒有明顯徵兆或症狀，且可能危害所有人口。但較不爲人知的是，這個問題的一個普遍解決方案，就是搭人們常吃食物的便車。

營養素缺乏症對於健康、教育、生產力、壽命和整體幸福感皆有長期影響，最常見於經濟弱勢家庭，也對這樣的家庭影響最鉅。除了財力以外，地點、食物匱乏或普及、飲食教育和文化規範等其他因素，也可能在各種程度的營養素缺乏症扮演要角。

上述種種要素結合起來塑造了我們的飲食和健康，而改變這些因素的任務可能感覺令人生畏。飲食習慣極難改變，尤其是以拯救生命所需的程度和速度。全球人口約有九%長期營養不足，有二二%的孩童因營養不良而發育遲緩，另有二十億人口體重過重。[31]營養素缺乏症是緊迫的議題，需要迅捷的行動。

所以，何不讓營養素搭上人們既有飲食模式的便車，來繞過重重限制呢？

食品營養強化過程就是將微量營養素添進民眾已經在吃的食物品項中。這種「搭便車」策略能夠成功是因爲它快速、符合成本效益，且不需要針對個人習慣或食品業進行大規模、系統性的變革。這種實務也非新發明。缺碘一直是個嚴重的健康問題；根據世界衛生組織的資料，一九九四到二〇〇六年間，它危害了全球約三〇%人口。[32]大約有七·四億人口患甲狀腺腫大——通常是長期缺碘導致的疾病。[33]

在進行這種微量營養素的「搭便車」干預之前，也有許多美國人受甲狀腺腫大所苦。一九二四年，含碘食鹽率先在密西根州上市，不久便爲全國其他地區採行。[34]因爲碘搭了鹽的便車，甲狀腺腫大的盛行率很快下降，到一九三〇年代，缺碘導致的甲狀腺腫大已不再是國家關注的健康議題了。[35]

在碘「搭便車」的創舉成功後，營養強化實務持續風行，且已經爲多數國家採用。二〇二一年，聯合國兒童基金會估計，全球攝取加碘鹽的人數超過六十億人口，約占世界人口八九％。[36]南美洲許多國家都是實施大規模政府計畫、強化穀物營養的好例子。一九九〇年代，智利規定麵粉須添加葉酸。規定實施後，智利民眾罹患神經管缺損（發生在懷孕初期）的比率下降了四〇％。隨著現行飲食習慣透過「搭便車」改善，健康併發症已逐漸減少。[37]

有時，干預鎖定的人口有不同的飲食習慣，或只有特定族群受某種營養缺乏症影響（例如：兒童、長者、孕婦），挑選一種以上進食管道，或爲特定族群量身訂作方案，也許是更好的方式。很多計畫都試著搭過在特定環境發配食物的便車，比方說，在學校餐點添加營養素來對抗較好發於兒童身上的疾病。這些集中火力的計畫可能成效卓著，因爲營養強化可聚焦在特定目標群體的需求，並可依照身體質量類似的民眾所需，決定要添加多少劑量的營養素。比如一項隨機試驗評估印度學校餐點加入鐵的影響，結果發現五到九歲孩童的貧血率下降了五〇%以上。[38]

決策制定者是實行微量營養素強化方案的關鍵。透過制定規章，政府機關可命令食品製造業者強化營養。舉例來說，世界衛生組織就有一系列實行食品營養強化方案的指導方針，且得到小兒科醫師和全球健康專家大力支持。[39]根據全球營養改善聯盟的資料，如今有超過一百個國家執行全國碘鹽計畫，且有八十六國至少規定一種穀物營養強化方案（加鐵或/和葉酸）——該聯盟也建議，還有其他許多國家可從推行新的食品營養強化計畫獲益。[40]

但政府不是唯一和這類變通方案有利害關係的參與者。只要想想早餐即食玉米片——若以含有多種兒童所需維生素礦物質爲行銷訴求，會是何種情況？這種做法也引發爭議，批評人士主張，業者是把微量營養素加進又甜又易上癮的高度加工食品，然後大打廣告，彷彿它們很健康似的。不論他們的做法是否合乎道德，其發揮的作用確實顯著。二〇一〇年一項研究評估，若沒有那些營養強化即食玉米片，美國鐵攝取不足建議量的二到十八歲兒童會多出一六三%。[41]

許多食品製造商已開始自願替產品強化營養，除了增添營養價值之外，也爲產品提高了吸引力。比方說，雀巢公司從二〇〇九年開始實行營養強化策略。至二〇一七年，在最多人購買的雀巢品牌產品當中，約有八三%經由營養強化來因應至少一項世界衛生組織定義的「四大」微量營養素缺乏症：鐵、碘、鋅、維生素A。[42]儘管仍有爭議，但這種「搭便車」策略確實提供若干迫切需要的營養素給世界一些最弱勢的人口——他們沒辦法等到複雜問題解決的那一天。而對雀巢等食品業者來說，這種策略提供擴充現有產品組合、促進銷售的機會，同時又能解決迫切的社會問題，堪稱一舉兩得。

多樣化及擴充現有服務

食品營養強化方案之類的「搭便車」干預是改進既有程序，其他「搭便車」

則結合了看似不相干產業的資源，給公司多元發展商業模式、另創營收來源的機會。肯亞匯款服務商 M-Pesa 就是這樣的例子。M-Pesa 是在二〇〇七年由電信巨擘沃達豐和薩法利創立，使用者可把錢存在手機，透過簡訊轉帳給其他用戶。營運沒多久，M-Pesa 就成為全球沒有銀行帳戶的民眾心目中最實用的金融服務業者，成功迴避了傳統銀行高成本的基礎建設。

M-Pesa 的故事在世界各地商學院是眾所皆知的成功典範，包括企業永續與創新、公司如何創造正面社會衝擊，既解決弱勢人口的需求，又能從多角化和擴充服務獲利等等。[43]但這些描述忽略了故事最迷人的部分：M-Pesa 的發展經歷有滿滿的變通之道。

M-Pesa 是由尼克·休斯（Nick Hughes）創建，他原為英國跨國電信公司沃達豐的企業社會責任主管，而該公司擁有肯亞行動網路業者薩法利四〇％股份。休斯對微型信貸特別感興趣，因為他認為它是有望解決貧窮、打破社會流動障礙的可行措施。

與國際發展合作的社會企業家和組織愈來愈相信，可取得金融服務能促進創業活動、創造財富與就業、刺激貿易。休斯認爲電信產業也能在微型信貸方面扮演要角，特別是在像肯亞這種有銀行帳戶的人口不到二〇%，卻有更多人擁有行動電話的地方。

他不仰賴傳統銀行系統，反倒想出透過雙贏策略繞過銀行系統的點子。他想要創造一種服務，允許微型金融的貸款人運用肯亞既有的薩法利通訊經銷網方便地收取和償還貸款。這種新方案可以提供更多貸款和更好的利率。

要將構想付諸行動，休斯首先必須繞過第一個阻礙。沃達豐爲什麼要支持這樣的專案呢？金融服務並非沃達豐的核心事業：這些與創造公司營收來源的語音和數據服務沒什麼關係，更何況對該公司來說，肯亞是相對小的市場。

休斯必須說服沃達豐的股東，這條蘊含風險的途徑值得投資。這是一項艱難的任務。但要是公司可以動用別人的資本呢？這時休斯把腦筋動到政府資金上。

時機已成熟。二〇〇〇年代初，政府組織、非營利組織和跨政府機構都已了解，沒有私人機構加入，社會和環境目標就不可能達成，於是許多組織開始主動找民間配合，以雄心勃勃追求永續發展爲目標。英國國際發展部（以下簡稱

ＤｆＩＤ）出資的「挑戰基金」就是這類志業的一例。對於有望改善新興經濟體可取得金融服務狀況的私人機構專案，ＤｆＩＤ會補助兩千萬美元。這筆錢是以等額補助方式（企業出多少，ＤｆＩＤ就出多少）發放，而沃達豐可用人力資源等非金融資產的形式，支應一半成本。拿到ＤｆＩＤ的補助，休斯就找到繞過公司內部投資障礙的途徑。透過將金融風險「外包」，休斯巧妙迴避了內部的資金競爭，進而讓他的高風險構想得以向前邁進。他利用了橫跨看似不相干產業的資源進行多樣化，拓展沃達豐現有的服務。[44]

在獲得補助金，又讓公司和肯亞薩法利同事買帳後，休斯啓動試驗計畫測試他的構想。二〇〇五年，休斯和同事找到一家肯亞微型金融機構及一家商業銀行合作。在爲時近兩年的試驗階段，休斯和同事了解沃達豐自詡年輕、行動快速，認爲銀行衰老、傳統、行動遲緩。那麼休斯的頂頭上司憑什麼要答應和行動遲緩的搭檔合作，在相對小的市場提供金融服務，解決根本不是公司核心事業的議題呢？

休斯和團隊並未投入不同商業模式的媒合，因爲他們了解，金融機構並非這件案子所必需：金融夥伴只會爲顧客眞正想要的簡單服務平添不必要的複雜。

有一條更簡單又非常有效率的管道，完全不必仰賴金融機構。試驗期間，休斯團隊發現顧客都會多貸一點金額，高於所需。在評估試驗數據和觀察使用者的行爲後，休斯和同事發現顧客會因其他各種用途採用金融服務，而且這些用途看起來都比獲得信貸重要，例如：存款或匯錢給別人。這些都不是新發現，早在幾年前，研究人員就在波札那、迦納、烏干達等地發現，沒有銀行帳戶的人會搭手機通話時間的便車：用它代替匯款。

休斯的試驗顯示，肯亞的核心挑戰並不在資金短缺，而是在錢的流動，這和他當初所想的不一樣。所以團隊選擇拿掉平台上的微型信貸，推出 M-Pesa，僅進行轉帳匯款的服務。

如此一來，有些試驗期的夥伴就變得沒有必要了，但休斯從一開始的目標就是同時爲沃達豐、薩法利和沒在銀行開戶的民眾創造三贏。接著沃達豐和薩法利簡化模組，搭薩法利既有平台和經銷網的便車，提供基本金融服務，讓使用者能把現金轉成電子貨幣（或反過來），並用手機把電子貨幣轉給別人。

這種「搭便車」的策略繞過了金錢流動的兩大障礙：

- **不穩定：**二〇〇五年，肯亞有八成就業人口是在灰色經濟產業[45]，而且全國有七成人口住在偏遠地區[46]，因此絕大多數民眾沒辦法開立或管理銀行戶頭。現金移轉常需透過附近家人或朋友，甚至當地巴士或哨所運送現金包裹。這些方式自然都不可靠、不安全、不實用。
- **難以取得：**就算在有金融機構運作的都會中心，也很少人能取得正式的銀行服務管道，因此肯亞仍有八成人口沒有銀行戶頭。[47]也因爲銀行得從較少的交易獲取較高的利潤，他們會收取過高的手續費，這對弱勢族群的影響最大。

但手機，就像永不退流行的諾基亞款式，已變得無所不在，而因爲 M-Pesa 搭上手機隨用隨付網路結構的便車，使用者只須出示身分證件和電話號碼，就可避掉所有「不正規」的麻煩。有了 M-Pesa 和行動電話，使用者可輕鬆移轉電子貨幣給其他沒有銀行戶頭的人，距離再遠都沒問題。收受者還可以把錢留在電子錢包、在電子支付時使用，或去各地薩法利通訊經銷商提領現金。

M-Pesa 不僅比較務實，也比較便宜。事實上，在 M-Pesa 上市前，在肯亞開立和保留銀行帳戶，每年起碼要一百二十三美元。[48] M-Pesa 使用者不需要留現金在戶頭，存提款也不必付手續費。他們只需在轉帳時支付手續費，而且就連這筆費用都比傳統銀行少很多。因爲有辦法迴避所有障礙，M-Pesa 勢如破竹——成功的速度比休斯預期得還快。上市不到兩年，薩法利已在肯亞累積了八百六十萬名 M-Pesa 客戶，每個月的交易金額超過三億兩千八百萬美元。[49]

除了爲沃達豐、薩法利等公司創造收入，M-Pesa 也解決了一個妨礙社會經濟福祉的市場缺口。據估計，上市近十年後，M-Pesa 已提升人均消費水準，也將十九萬四千戶人家拉出貧窮。M-Pesa 在肯亞的成就也促使這種模式擴展到其他中低收入國家，例如：阿富汗、坦尚尼亞、莫三比克、剛果民主共和國、賴索托、迦納、埃及和南非。M-Pesa 是「搭便車」變通法如何孕育新商業模式的實例，新的模式讓組織可從看似毫不相干的連結受益，這些連結又可以在不同的背景下複製及改造。[50]

創造全新的事業

如我們從可樂生機得知，運用「搭便車」策略讓人可以用嶄新、有創意的方式因應需求，但這種方法不限非營利組織使用。許多新創公司都探究了顛覆性的機會，運用「搭便車」變通法和現有業者競爭——並且大發利市。

市值數十億美元的TransferWise專門從事跨國匯款，身爲忠實用戶，偶然在BBC讀到該公司共同創辦人克里斯托．卡爾曼（Kristo Käärmann）的側寫時，我興奮極了。回到二〇〇八年，這位當年二十八歲的愛沙尼亞年輕人在倫敦擔任顧問，拿到耶誕獎金一萬英鎊（相當於一萬四千二百美元），爲了享有母國較高的利率，他決定匯回愛沙尼亞。他上網用谷歌搜尋查了匯率，以爲只要付他的英國銀行十五英鎊（約二十美元）的國際匯費，於是把錢轉了。但出乎意料的是，實際進他愛沙尼亞戶頭的金額比自己預期的短少五百英鎊（約七一〇美元）。卡爾曼深入了解到底發生什麼情況時，恍然大悟，自己竟愚蠢地相信英國銀行會給他實質匯率。他渾然不知，銀行會收取頗重的匯差。[51]

我們這些住過外國的人感同身受。只要可能，我們會設法找個自己信任、想反方向移轉同樣金額的人來規避這些隱藏費用，卡爾曼就這樣做了。他開始和朋友塔維・辛利庫斯（Taavet Hinrikus）交換英鎊和愛沙尼亞克朗：卡爾曼把英鎊存入辛利庫斯在英國的戶頭，辛利庫斯轉同等價值的愛沙尼亞克朗進卡爾曼在愛沙尼亞的帳戶。他們使用官方匯率，省下手續費和銀行會收取的隱藏匯差。不用多久，他們就找了一群和英國有往來的愛沙尼亞朋友建立了網絡，他們跟卡爾曼和辛利庫斯一樣需要匯款，也跟他們一樣可從搭彼此的便車獲益。[52]

問題在於這種變通方案規模極爲受限：很難找到自己信任的人和你同時間反向移轉同樣金額。於是卡爾曼和辛利庫斯察覺到，他們能以此發展事業；畢竟，在我們的全球化世界，國際貨幣轉移是個龐大且還在成長的市場。二〇一一年他們成立了 TransferWise：提供國際匯款服務的平台。它提供實質匯率，沒有隱藏匯差，每次交易只收取〇・五%的手續費。[53]

交易是這樣進行的：平台以「點對點」爲基礎運作，因此大部分的錢不會眞的越過國界。就像卡爾曼和辛利庫斯那樣交換愛沙尼亞克朗和英鎊，平台會幫不同國家的數百萬民眾和想要反向兌幣的人配對。TransferWise可以做到效率這麼高、規模這麼大，是因爲平台有廣大的用戶網，以及不同貨幣散布世界各地的大量庫存。

這種變通方案會威脅到大型金融業者的廣大市場。桑坦德銀行（世界規模前幾大的銀行機構）的內部備忘錄在二〇一七年洩漏給《衛報》財經版，內容指出國際匯款約占銀行獲利的一〇%。這份備忘錄引發爭議，因爲它證明消費者把錢轉到海外時被傳統銀行超收了多少錢，以及銀行告知消費者的費用有多不透明，有多少隱匿的加成。套用辛利庫斯的話：「這嚴重剝削了消費者，但桑坦德的文件我不驚訝。我驚訝的是，他們怎麼可以這麼久不被追究。這是重大的議題——有四分之三經常把錢匯往國外的消費者並不清楚匯率計入手續費後的最終成本。英國的消費者和企業每年因匯差損失五十六億英鎊。」[54]這相當於七十七億美元。

TransferWise是個繞過銀行的巧妙變通之道。請注意：它不是銀行；它是設計成可擴展的點對點平台，繞過商業銀行的國際匯款。它已獲得英國金融行爲監理總署的許可和執照避開法務問題，但它實際並未提供金融服務。它反倒搭了世界各地既有銀行架構的便車。平台及客戶都使用各自銀行做地方匯款。透過免費或便宜的地方匯款，並幫全球交易配對，TransferWise 讓顧客可以繞過大型商業銀行收取的國際匯費——因而搶走銀行很多國際匯兌的生意。「搭便車」讓 TransferWise 創造了全新的商業模式。

TransferWise 透過提供客戶最多便宜八倍的國際匯款，挑戰了銀行業。「搭便車」爲一種反抗現行跨境金融交易的創新開拓了道路。TransferWise 的創辦人是從不起眼的變通開始（和朋友換錢），這鼓舞他們找不同國家有類似處境的民眾共組網絡，搭此網絡的便車擴展業務。該公司迅速大受歡迎，進而獲得維京集團的理查·布蘭森（本身也擁有銀行）和 PayPal 共同創辦人馬克斯·列夫琴等巨擘的投資。如今，創立近十年後，該平台每天幫顧客省下超過四一〇萬美元的銀行手續費。[55]二〇二〇年 TransferWise 的市值超過五十億美元。[56]二〇二一年，該公司更名爲 Wise，也拓展到匯款以外的金融服務。

「搭便車」變通法何時派得上用場？

如我們從好幾個例子見到的，「搭便車」是善用既有關係的變通方案，包括社會、商業、技術和其他關係。在權力邊緣運作的雜牌軍組織若能找出跳脫傳統的配對，通常就能建立優勢。管理者、決策者和其他「圈內人」傾向關注自己所屬的體制，認為體制就是那個樣子，卻未能察覺不同的環節可以怎麼打破、重組、以對己有利的方式運用。

本章介紹的「搭便車」變通法，例如：運用可樂瓶運送止瀉藥，都不是等閒小事，類似的機會卻屢遭忽視。它成了這種變通法的絕佳範例，因為藥品確實就是採取搭便車的方式運送，除此之外，可樂生機也示範了最有益於「搭便車」的心性。甚至連最偏遠的地點，也已經有系統就定位了，你的挑戰是察覺出這些機會，並善加利用。

在我們各自為政、壁壘分明結構的裂縫間，有很多被遺漏的價值。在應對自己個人的挑戰時，我要建議你察覺並追求共生和跳脫常規的關係，不論是共利、片利或寄生的關係：著眼於壁壘之間，而非壁壘之內，想想可以怎麼搭上他人的成功追求你自己的利益。換句話說，做鰕虎、做鮣魚，甚至蛔蟲，橫向思考有哪些人、事、物可供你運用。

2 鑽漏洞

我有一個在巴西當家事管理員的朋友藉由鑽漏洞跳脫麻煩的泥淖。喬安娜（化名）靠最低工資的工作維生，最近動用積蓄買了房子，可是在丈夫中風後開始累積信用卡債。她的丈夫不只必須停止工作，導致這對夫妻從雙薪變成單薪，還需要特別的藥物治療。

在巴西，公共醫療制度理應爲全民免費享用，但慢性病藥物並未全部涵蓋在內，有時資訊不足的民眾還可能遭人誆騙，因而支付政府其實可免費提供的治療。爲保住丈夫性命，面臨壓力的喬安娜匆忙買下藥物，以爲她可以靠分期付款慢慢償還債務，卻不知道自己的銀行每個月會向她收取約二〇%的利息。

複利何其狡詐，對低收入人口，以及從一開始就不了解那個坑有多深的民眾尤其危險。第一個月未還的總餘額，相對你的收入不會太糟。但如果你無法立即清償債務，利息會累積，突然間你的債務就超出自己的償付能力了。喬安娜打電話給我的時候，債務已經是她刷卡購物金額的八十倍，幾乎跟她房子的價值差不多了。

那一年，巴西信用卡債務的平均年利率達三二三%。[1]像我朋友這種低收入、沒什麼擔保品的借款人，收取的利率更高達八七五%。[2]當她舉債買藥的時候，巴西的通貨膨脹率是每年六%，也已經連續二十年沒有惡性通貨膨脹。三二三%的平均利率即便與其他中低所得地區比較，仍是高得莫名其妙——事實上，那年拉丁美洲利率第二高的國家是祕魯，也才五五%。[3]就算是可溯至西元前一七五五到五〇年巴比倫時代的《漢摩拉比法典》，也規定貸方每年在穀物及銀幣借貸收取的利率分別不可超過三三%和二〇%。[4]那麼，這些離譜的數字有什麼正當理由呢？我唯一想得出來的答案是，很不幸，這是一種對窮人的合法勒索。

但我的朋友借錢買藥時不知道這回事。她從來沒想過，讓丈夫活下去的努力竟會變成一場噩夢。她愈努力攢錢還債，債卻如雪球般愈滾愈大。當意識到自己根本無力清償，她試著重新協商，提出付給銀行當初刷卡金額的五倍。銀行不但沒有接受，還開始寄威脅信函提醒她那筆債務長期下來會有毀滅性的效應。

我對她的故事感到特別惱火的是，法律站在銀行那一邊。銀行完全依法行事。但這眞的是可以接受的嗎？

聽朋友訴說她的遭遇時，我不時把它想成現代版的莎士比亞《威尼斯商人》。故事大意是，巴薩尼奧想前往貝爾蒙特迎娶富有的繼承人鮑西亞，朋友安東尼奧幫他向放高利貸的夏洛克借了三千金幣。契約規定若債務未在特定期限內清償，夏洛克可以割下安東尼奧的一磅肉。不料，安東尼奧未能如期還債，夏洛克一狀告上法院。安東尼奧懇求他大發慈悲，提出支付借款兩倍金額的逾期款項，但夏洛克嚴詞拒絕，堅持依契約處置。

契約是不可能失效的，畢竟夏洛克是依法行事。雖然看似殘忍，但法律站在夏洛克那邊，於是他就要割安東尼奧的肉了。但隨後鮑西亞（富有、聰明的女繼承人，剛嫁給巴薩尼奧）扮成男人前來搭救安東尼奧。她在審判庭上扭轉契約措辭，主張法律的確允許夏洛克割掉安東尼奧一磅肉，但要剛好一磅——不多、不少，而且過程中一滴血也不能流。鮑西亞的變通方案之所以聰明又有效，正是因爲它並未直接對抗契約、宣稱契約太過野蠻應該作廢。它反其道而行，讓契約不可能執行。[5]

煩擾我朋友的銀行就像夏洛克，固然執拗，卻於法有據。我知道她的合約不可能作廢。但有沒有哪種變通方式可以讓它發揮不了作用呢？

朋友和我尋求法律諮詢時，律師說銀行知道怎麼把契約制訂得盡善盡美來避免像鮑西亞那樣的文字遊戲，不過，確實有一種方式可以讓那份合約失效。

巴西法律規定，債務以五年爲期。屆時，銀行可把我朋友帶上法院「割她的肉」——現代版的高利貸，意思就是可以攫奪她所有財物。唯一的例外是她的房子：法律解釋那是債務人唯一不可割除的資產。所以，要是她沒有肉給銀行沒收了呢？這就是她需要的變通之道。她把房子留在名下，其餘少之又少的資產過給她兒子。她每個月的所得不會被強制扣薪，因爲她是打零工，可拜託雇主付她現金。到債務到期前，她不能用自己的名字買東西，也不能拿自己的帳戶使用任何金融服務。幸好她有親人可以代她做這些事：她用兒子的名字開了銀行帳戶，成爲她的事實帳戶。麻煩嗎？確實，但比起她繼續使用名下銀行帳戶必然的損失，是小巫見大巫。

到了第五年一開始，銀行明白自己到時什麼都拿不到，於是打電話提出和解方案：她只要付原始欠款的五倍就好。銀行讓方案聽來比她的債務好上一千倍——那時已經累積到她當初刷卡金額的九千一百倍。但形勢已經逆轉。對她來說，最好的出口仍未消失。她知道再幾個月，她的人生就會恢復正常。

最後她順利脫出泥淖，甚至沒有償還當初借來買藥給丈夫的錢。她會內疚嗎？也許會，也許不會。她「於法有據」嗎？沒錯，就跟銀行試圖合法敲她竹槓一樣，完全站得住腳。

何謂「鑽漏洞」變通法？

我們常認爲，「鑽漏洞」本質上是負面、對權勢者有利的方案。我們大都聽過世界最富有的一%用了哪些詭計來避稅，比如把財富藏在開曼群島之類的避稅港（開曼群島上的境外公司比人還多）。[6]我們並未留意，「鑽漏洞」也適用於我們這些不富有亦不有名的人。

「鑽漏洞」變通法在正式或非正式的規定並不公平，或對實現目標造成障礙時特別有用。「鑽漏洞」可能是利用模稜兩可或一套乍看下不怎麼適用的非傳統規則。在這一章，我們會鑽研雜牌軍組織和好強的人，他們運用絕佳的奇思妙想找到辦法挑戰不想要的現狀。我們會從他們身上學習到發揮創造力，加上密切注意規定說了什麼和沒說什麼，就可能得利於規定的不充分，巧妙地規避，或讓它們達不到目的。

運用模稜兩可

一想到鑽規則的漏洞，我們的腦海自然浮現律師的身影。我們在電影、電視節目或小說裡看過太多魅力四射的律師輕而易舉通過法律的缺口。我個人最喜歡看《絕命毒師》和《絕命律師》裡的角色索爾·古德曼用盡卑鄙伎倆幫騙子和歹徒辯護。

這些違法案件之中最令我們好奇的是，就算這些律師踉蹌踏進道德模糊的範疇，但他們運用的方法仍「於法有據」：他們遵守法律，巧妙地為客戶開拓模糊地帶。事實上，各式各樣的「鑽漏洞」都是善用模稜兩可，或是用一套規定規避另一套。他們不見得能解決更大的社會議題，但確實能解決客戶最急迫的需求。

有時社會的不公不義的確需要解決，因為法律正確不見得代表道德正確。找到正確的漏洞可以幫助個人和社群。一個這樣的例子是德國共產黨員阿圖爾·埃韋特（Arthur Ewert）的辯護案，他在一九三〇年代來到巴西，在反抗熱圖利奧·瓦爾加斯（Getulio Vargas）獨裁的暴動中擔任領導角色。一次起義失敗後，埃韋特被逮捕，在狹小的監獄關了兩年多，反覆遭受各種駭人的酷刑折磨。[7]

埃韋特被捕十三年後，《世界人權宣言》才出爐。那時嚴刑拷打非但不必遮遮掩掩，瓦爾加斯政權還希望準異議分子知道阿圖爾受到何種待遇，希望這能威嚇他們屈從。

大家都知道發生了什麼事，依當時巴西民法規定，這也沒有違法亂紀。但當律師索布拉爾．平托（Sobral Pinto）答應替埃韋特辯護時[8]，他提出別具獨創性的構想，援用在埃韋特被捕前一年制訂的《保護動物法》第二十四條六百四十五款。該法規定住在國內所有的動物都該得到國家保護，任何私下或公開殘暴對待動物的人都該罰款或被逮捕。例如：該法禁止把動物關在不衛生的空間，以及任由不足的空氣、休息、空間和光線危及動物的生命。[9]

平托試了這個漏洞，提出請願，要求埃韋特的身體應依據該條款，得到國家保護。

平托說，拿埃韋特監禁的環境和法律會取締的農場、屠宰場動物受虐情況相較，他所受待遇明顯違法。這位律師甚至舉了一個判例：某人把他的馬暴力毆打致死，結果被法官判處徒刑。

平托的請願不僅突破了法律的缺口，還暴露了獨裁政權標準不一致。他把監獄虐囚和農場、屠宰場裡的動物福祉怪異地聯想在一起，引發了眾怒。民眾恍然明白政權對馬比對人還好的事實，進而公開批評。由於這個漏洞，埃韋特被轉送至較人道的監獄；據說是總統本人想遏止負面評論而親自要求調動。除了改善埃韋特的處境，這項請願案也觸發了公眾騷動、動員了民眾，逐漸拓展了巴西的人權界限。[10]

儘管獨裁政權沒有立刻崩潰，埃韋特也未獲釋放，但是他的境遇已有所改善。這個漏洞並不完美，不過平托本來就是在探究可行方案，而不是完美路線。透過應用看似風馬牛不相及的規則，我們或許可以探查出可行之道來因應自己最迫切的需要。

我們沒道理以為，單單一次干預就一定是大規模法律變革獨一無二的開端或高潮；規範反映了我們的期望，而我們的期望會隨著自己學習、掙扎和認識新的可能性而變動。

永結同心

研究歷史案件可以闡明法律到今天依舊不盡公平公正的觀念，讓我們更能同理爲什麼要運用變通思維來規避壓迫性的法律，以便在逐步推動法律變革的同時照應緊急需求。

你可能記得歷史課上過，十六世紀時，羅馬天主教會不准英王亨利八世和阿拉貢的凱瑟琳離婚，改娶安妮．博林。所以他宣布脫離羅馬教會，自己另創英國國教會。對專制君主而言，這或許是最理想的解決途徑，但多數人並沒有這種力量來對抗權勢機構。

事實上，數百年來，亨利八世遇到的問題依舊普遍。離婚——特別是「無過失離婚」，也就是不需要證據證明任何一方有過錯或不當行爲之下解除婚姻關係——在許多基督人口眾多的管轄區域內，這還是相當新近的法律協議。例如：馬爾他遲至二〇一一年才允許離婚[11]，智利[12]、愛爾蘭[13]、阿根廷[14]、巴西[15]則分別在二〇〇四、一九九七、一九八七、一九七七年才允許。在美國，解除婚姻關係的規定因州而異，加州率先在一九六九年准許無過失離婚[16]，紐約則遲至二〇一〇年才同意[17]。

在這之前，很多沒有君主那種權力的平凡老百姓，都訴諸漏洞。但今天我們仍見到無權無勢、無法改變規則的人們利用漏洞來獲取所需。就算漏洞無法改變整個法律制度，仍可能使大批民眾直接或間接獲益，端看策略是應用在影響大眾的情境，或是提供靈感，在類似的背景中催生出新的變通方案。

伊麗莎白．泰勒鑽漏洞

二十世紀時，要獲准無過失離婚，最常見也最有效的漏洞是去外國離婚，再回居住國認證。這個漏洞基於兩個理由可行。首先，有些國家會准予外國人合法、行政上相當簡捷明確的無過失離婚。[18]第二，多數司法管轄地區會尊重在外國達成協議的法律事務。[19]

在所有實現離婚的目的地中，墨西哥成了理想國度，在一九四〇到六〇年代尤受美國人鍾愛。[20]所謂「快辦墨西哥離婚」只需三小時就可搞定，有些案例的離婚證書甚至可透過郵購取得。[21]在一九四〇到一九六〇年間，光是美國就有大約五十萬對夫妻在墨西哥取得快辦離婚。[22]鑽此漏洞最有名的前夫妻檔包括一九六四年的伊麗莎白．泰勒和艾迪．費雪[23]、一九六一年的瑪麗蓮．夢露和亞瑟．米勒[24]，以及一九四二年的寶蓮．高黛和查理．卓別林[25]。

很多夫妻也利用類似的漏洞再婚，舉例來說，在一九七七年以前，巴西人雖可正式和元配分居，卻不准完全脫離婚姻關係。這在實務上的含意是，就算他們不再同住一間屋子，不再共有資產，國家也不允許他們再婚。[26]但只要越過邊界到玻利維亞或烏拉圭，前配偶就可以把他們的「分居」轉變成「離婚」，然後兩人就可自由和別人結婚了。拿到新的結婚證書，他們可以回巴西認證文件。[27]有些人的路徑甚至更簡單：透過在墨西哥進行雙重代理婚禮，世界各地的夫妻不必離開母國就能結婚；由當地律師等其他人士代表他們出席婚禮，然後把結婚證書寄到這對夫妻住址。隨後夫妻的母國會進行公證、確認證書有效，不會有法律上的障礙。[28]

從過去到現在[29]，這些夫妻的案例提醒我們，很多人都受惠於同樣的漏洞。我們不必是發現漏洞的人，才能從中受益。我們可以從過去的漏洞得到啓發，找出眼前類似的機會。

亞當和史提夫鑽漏洞

鑽漏洞結婚的邏輯繼而幫助數百萬對被剝奪婚姻權利的同性伴侶（二〇二一年，世界一九五個國家中有一六四國如此）。[30]第一個將同性婚姻合法化的立法於二〇〇一年在荷蘭生效[31]，此後許多國家，特別是西歐和美洲各國，陸續跟上腳步。[32]

這些國家的立法變革，爲二十一世紀的同性伴侶創造了類似的機會，去鑽二十世紀異性戀伴侶鑽過的漏洞。舉例來說，在以色列，你很容易找到婚禮顧問爲同性伴侶提供赴西歐國家（如葡萄牙）結婚的套裝。[33]儘管以色列准予同性伴侶跟異性戀伴侶享有同樣的年金、繼承和醫療權，卻不讓他們結婚，因爲婚姻在該國被視爲一種宗教機制。不僅同性伴侶受此限制，跨宗教異性戀伴侶或任何不想舉行宗教婚姻的民眾也被如此對待。[34]正因如此，據官方統計，已有數千對伴侶赴外國結為連理，然後回以色列做結婚登記，也不會受到法律刁難。

雖然這對以色列的伴侶來說是頗具吸引力的替代方案，但在其他明令禁止同性關係、會判處監禁甚至死刑的國家，鑽漏洞安排同性婚姻的風險就高得多了。但就算在俄羅斯——積極鼓吹針對同性伴侶和LGBTQIA運動人士進行仇恨犯罪的國家[35]——也有個漏洞被人測試過。該國法律規定，只要不是血親或已在俄羅斯登記結婚，在外國執行的婚姻就合法。[36]條文並未提到同性結婚不符資格。鑽了這個漏洞，一對在美國居住、結婚的俄國同性伴侶把相關文件寄回俄羅斯聯邦稅務局，要申請有配偶適用的社會扣抵稅額。該機構顯然別無選擇，唯有同意申請，給予福利。[37]

同性伴侶出國結婚的案例在俄羅斯[38]、波蘭[39]、烏干達[40]、摩洛哥[41]和其他依舊仇視LGBTQIA的國家仍屬罕見。數字難以成長，是因為這些國家常做出「沒有同性戀住在這裡」的荒謬聲明，這種說法顯然有誤，但對希望掩蓋歧視的政權是很方便。多數住在這些國家的同性伴侶不是怕被清算，就是付不起出國結婚的費用。這種伴侶的替代漏洞是開公司，變成「事業夥伴」，之後利用居住國既有的法律架構，至少得以保障兩人共有資產、所得、投資、銀行帳戶的權利，同時避開鎂光燈。

這種漏洞當然離理想還很遠，但確實解決了同性伴侶在世界多數國家面對的一些難題。人們可以繞過阻擋他們的規定，又無須投入艱鉅且曠日廢時的過程來改變居住國專制壓迫的規定。他們可以順利拿到自己想要的，而且不致像亨利八世那樣引發軒然大波。

未知水域的漏洞

漏洞並非千載難逢、專門保留給深諳法律專家的機會，雖然專家造成的影響可能更爲巨大與不朽。我一直要到爲個人研究訪問（在打了一通非常幸運的陌生電話之後）荷蘭醫師蕾貝卡・龔佩慈（Rebecca Gomperts）時，才明白漏洞遠比我們想像中容易獲得、衝擊強烈。

在這一小節，我們會獲悉繞過墮胎限令的方式。我們的焦點僅擺在：

（一）阻止民眾墮胎的法令限制，並未考慮其他議題（例如：金融和宗教阻撓或欠缺基礎建設等）。

（二）許多民眾在墮胎違法國家特別面臨的健康風險。

（三）安全、不必動刀的墮胎可在懷孕十至十二週透過藥物進行。

不安全的墮胎

「毫無疑問，墮胎禁令會要女人的命。」這是倫敦帝國學院婦產科教授萊斯里．雷根女士（Dame Lesley Regan）在回答我這個問題有多嚴重時的開場白。她是世界生殖健康方面數一數二的專家，二〇一八年獲選爲國際婦產科聯合會（FIGO）的榮譽祕書長。常見的謬誤是以爲「反對自行墮胎法」可避免墮胎；但這根本避免不了，反倒會讓墮胎繼續以不安全的方式發生。

安全的墮胎是用世界衛生組織推薦的方法進行：依據懷孕階段，可服用藥物，或是由具備必要醫術的人員執行外科手術。世界衛生組織沿著一條光譜定義不安全的墮胎：「較不安全」，指採用過時的手術法進行，或者未讓病患獲悉適當的資訊和協助；以及「最不安全」，指過程包含攝取危險藥物，或是未經專業訓練的人使用不安全的手術法，例如：置入異物。[42]

世界衛生組織的資料顯示，在二〇一五年到二〇一九年間，每年全球平均有七千三百萬民眾進行人工流產，其中約有兩千五百萬是在不安全的條件下進行。[43]還有兩萬兩千人死於和不安全流產有關的併發症，另有兩百萬至七百萬人蒙受嚴重的健康問題，例如：敗血症、子宮穿孔或其他器官損傷。[44]此外，在每年平均六千萬次墮胎中，約有四五％依世界衛生組織定義爲不安全，而不安全的墮胎案例有九七％是在中低所得國家進行，特別是東南亞、撒哈拉以南的非洲，以及拉丁美洲。[45]

不安全的墮胎是孕產婦死亡的主要因素，全球每八個與懷孕有關的死亡案例，就有一個是不安全墮胎所致。然而，只有三〇％的國家准許依孕婦請求執行人工流產。[46]要杜絕不安全的墮胎，一個關鍵步驟便是改變墮胎違法國家的法律。但「反對自行墮胎法」反映了社會盛行的道德、宗教和管制因素，難以說改就改。我們有辦法繞過這些法令嗎——有辦法一面推動未來的結構性變革，一面解決當前的迫切問題嗎？

航往公海

一九九〇年代中期，蕾貝卡．龔佩慈醫師志願擔任綠色和平組織的隨船醫師。她來自荷蘭，該國只要孕婦請求即可進行安全流產。然而，在為組織來到墮胎違法國家工作時，她見到人們明明還可以服用安全的墮胎藥，卻飽受拙劣非法墮胎的戕害。龔佩慈發現是當地法律限令阻止安全墮胎，於是她問綠色和平的船長：「我們怎樣才能創造一個女性只需要自己許可的空間？」船長的回覆激發了她的行動：「如果你擁有荷蘭籍的船，就可以帶女性上船航往公海，合法幫助她們進行安全的墮胎。」[47]原因在於：當船隻位於公海[48]且至少離岸二十二．二公里遠，就只適用船艦母國的法律了。

龔佩慈本來就特立獨行，這個構想更猶如催化劑。她在一九九九年創立了非營利組織「浪尖上的女性」（Women on Waves）。由一群社運人士和志工負責運作，該組織為墮胎違法國的居民提供安全無虞的墮胎服務。選擇終止懷孕的人會登上「浪尖上的女性」承租的荷蘭籍船隻，在醫療專家陪同下航往公海，進行安全且合法的墮胎。

該組織利用了一項事實：限制人民進行安全墮胎的不是他們的國籍，而是所居住司法管轄區的法律。上了那艘船，「浪尖上的女性」會提供病患一組兩種藥錠：美服培酮和米索前列醇。二〇〇五年後，這兩種藥物都在世界衛生組織的必要藥品清單中。若合併使用，這些藥錠九五%有效，且可望拯救成千上萬女性避免亡於不安全的墮胎。[49]事實上，五十萬人之中只有一位因服用這些藥物死亡，龔佩慈說：「那比分娩還安全，跟流產一樣安全。」

這艘船的「行動診所」——內建診療室的貨櫃——是另一個龔佩慈發現的漏洞。如果船上沒有診間，荷蘭政府就不會核發醫療執照。她告訴我：「只是給予墮胎藥物，並不需要設備齊全的診間，但我們還是爲了取得荷蘭的醫療執照打造了。」也就是說，龔佩慈和同事打造了一間非必要的診所，就只爲了取得提供墮胎服務所需的執照。

二〇〇一年，「浪尖上的女性」首次展開行動是在愛爾蘭共和國，當時該國是歐洲墮胎法令限制最嚴格的國家。此次行動功敗垂成，未能在船上提供墮胎服務，因爲尚不了解他們需要荷蘭政府核發的執照。但「浪尖上的女性」引發了爭議，也被保守派和自由派媒體形容爲「墮胎船」而贏得舉世關注。此後，該組織發起數次成功的行動，志工航向數個禁止墮胎的國家，比如波蘭、葡萄牙、摩洛哥、厄瓜多，提供安全的墮胎。

雖然遭到強烈反對，但龔佩慈說：「除了一件訃聞，沒有眞正的壞消息。」這就是爲什麼「浪尖上的女性」常和「反對自行墮胎」團體對抗，公然採用激烈且引發爭議的途徑來喚起民眾意識、動員在地「主張人工流產爲合法」的草根運動。比方說，在厄瓜多，「浪尖上的女性」和先前沒什麼媒體報導的草根團體合作。他們在聖母像（位於基多的聖母瑪麗亞雕像）上懸掛標語，用西班牙文寫：

「你的決定：安全墮胎」，並附上熱線電話。這是一種宣傳船上服務、吸引媒體關注的方式，草根團體可援用來推動墮胎立法變革。

在葡萄牙，「浪尖上的女性」遭遇出乎意料、甚至比厄瓜多更強烈的反彈。航往葡萄牙海岸線時，「墮胎船」的船長獲悉當地政府已派遣兩艘軍艦阻止他們進入領海。政府的反應明顯違反國際協議：葡萄牙政府不得拒絕船隻進入，尤其是來自歐盟國家的船——歐盟船隻有行動自由。

龔佩慈的志工同事告訴我：「一開始我們很生氣，以為行動失敗，因為船進不去。但到後來，我們發現，這才是最好的事情。我們得到世界各地的媒體報導。戰艦比墮胎船本身壯觀多了。」

從浪尖到網路

在媒體報導葡萄牙事件後，龔佩慈發現還有一個漏洞可用來規避執法：利用媒體散播「浪尖上的女性」的理念，教育普羅大眾尋求安全的墮胎。在組織引人關注後，龔佩慈上了葡萄牙的公共頻道，提供循序漸進步驟、如何自主使用米索前列醇的教學；該藥可引發收縮，安全地終止懷孕。「浪尖上的女性」也把教學上傳到它的網站，和形形色色的媒體分享。

基於兩個理由，龔佩慈的方法非常聰明：首先，葡萄牙法律不容許她在該國提供墮胎業務，但沒有哪條法律阻止她提供如何墮胎的**資訊**。再者，儘管美服培酮通常無法在醫院以外取得，但米索前列醇可在多數國家的藥局找到，包括很多墮胎違法的國家，因爲終止妊娠其實是這種藥的副作用，它的適應症是胃潰瘍和產後出血。它可單獨做仿單標示外使用來安全地引發流產，若在孕期前十二週服用，成功率可達九四％。就算藥錠會導致比預期糟糕的副作用，但病人可以去求診，主訴自己小產，因爲醫生無法察覺小產和米索前列醇引發流產的差異：症狀一模一樣。

這是組織的重要時刻，而這股動力來自利用多種漏洞。爲了觸及更多人，龔佩慈創辦了姊妹組織「網路上的女性」（Women on Web），協助所在地沒有安全、合法選項的民眾取得資訊和墮胎藥物。在網站上，希望終止妊娠的民眾要先填寫網路互動問卷，接著和非醫療志工互動。問卷的回應決定病患會不會被提交給醫師做網路諮詢。如果有風險跡象，醫師會在網路和病患碰面，鑑定她能否（以及在何種情況下）獲得安全的墮胎。如果調查沒有發現禁忌症，應答者可以獲得墮胎藥和使用教學，不必跟醫師談話。

如果情況不複雜（像是惡名昭彰好管閒事的海關官員，或靠不住的郵政服務），民眾會收到一份免費包裹，內含美服培酮、米索前列醇和懷孕測試，最常透過快遞或郵件運送。為了讓藥物通過海關，包裹上會有荷蘭醫師的處方；從荷蘭寄送藥物沒有違法。但如果藥品被海關查扣，「網路上的女性」的志工會告訴病患如何在居住地購買米索前列醇，以及怎麼安全地做仿單標示外使用。

繞過法律的好處

憑藉著這兩個學生組織，龔佩慈和同事隨機應變，在不同的環境調整他們的策略。這些組織的影響相當驚人。我和龔佩慈在二〇一八年訪談時，「網路上的女性」團隊已回覆超過十萬封電子郵件，每年寄出超過六千件包裹。九九％使用這項服務的人，對於自己獲得的支援非常滿意。

另外，在一些案例中，這個組織不只是為有需要的人提供墮胎，還帶來了深遠的影響。舉例來說，「墮胎船」航往葡萄牙兩年後，該國便正式讓墮胎合法。在軍方試圖阻止「浪尖上的女性」的船隻進入葡萄牙領海後，葡萄牙的墮胎論述蔚為主流。政府不恰當的反應，令立法者和草根運動義憤填膺。引用龔佩慈的話：「我們知道繞過〔法律〕其實也就是促進法律變革……這催化了主流政治組織採取立場的可能性。」

透過應變、學習尋找機會，龔佩慈的創舉證明我們可以怎麼找到漏洞，且讓漏洞發揮影響力。像「浪尖上的女性」這樣的雜牌軍非常值得學習，正是因為他們欠缺資金和權力組織來改變整個規則系統。他們改用隨機應變、不落俗套、透過零碎的干預來解決問題，這引領他們探索未知領域，發掘一開始想像不到的機會。龔佩慈沒有法律學位，但她運用創新和創造力處理和迴避國家境內和國際慣例；她並未著手重塑有關墮胎的論述，但她學會把握機會將自己提供一種服務的單純使命轉變成更偉大的志業。

龔佩慈現在是經驗豐富的找漏洞專家，但這是她長期累積的能力，你我也都可以培養這種能力。她不只提供如何找出和追求「鑽漏洞」變通法的絕佳範例，也向我們證明，不管就短期或長期而言，持續探索諸多變通方案的動力，可能比憑空幻想一種驚天動地的干預更有幫助。

鑽漏洞來分享受保護的資訊

漏洞可能造成轟然巨響，龔佩慈鑽的漏洞就是如此，但它也可能比耳語還安靜。舉例來說，當政府向某通訊服務商索取用戶資料時，許多科技公司會以沉默來警告世界。[50]俗稱的「令狀金絲雀」（warrant canary）是一種抗衡政府監視的變通法，科技公司會用來在挑戰出現前解決它，防患於未然。

這種變通法是以被帶去礦井的金絲雀來命名，牠會提醒工人注意一氧化碳和其他檢測不到的有毒氣體：如果金絲雀生病或死掉，工人就知道必須馬上離開。「令狀金絲雀」與此類似：一家公司先聲明執法機關並未祕密向它索取用戶資料。當這句聲明消失，公司沉默不語，使用者就可以大膽假設該平台收到搜查令了。

一隻小鳥告訴我

透過「令狀金絲雀」，科技公司鑽了一個漏洞來讓用戶了解幕後正在發生什麼事，以阻撓美國執法機構的保密要求。依據美國《愛國者法》，執法機構可以傳喚科技公司，下法院強制執行的禁聲令。在這些情況下，公司不只被迫提供用戶資料，依法也不得向第三方揭露他們接到搜查令。科技公司更厭惡國家安全信函：它們無需法院命令就能發布，讓執法機構可以暢行無阻地進行調查，連司法體系也無法干涉。憑藉這些法律工具，美國國家安全局、聯邦調查局和中央情報局得以暗中監視目標。[51]

政府監視違背了建立「極客」社群和科技公司的最基本精神。要反對法律，科技公司能做的不多，但他們可以鑽一個漏洞規避它：根據美國言論自由法，這些公司可以先聲明「政府沒來過這裡」，然後在搜查令到來時撤下聲明。執法機構在公司接到搜查令之前無法審查他們說了什麼。[52]

令狀金絲雀是相當好、合法又安全的方法，能爲用戶提供捍衛個人資料及隱私的迴旋空間。Adobe、Apple、Medium、Pinterest、Reddit 和 Tumblr 等科技巨擘都運用過這種變通方案來向用戶暗示「現無危險」，培養顧客忠誠和正面的企業聲譽。

Reddit 的例子（二〇二一年，它是市值六十億美元的美國公司[53]，會集中發布新聞，提供平台給網路內容評級和討論）尤其具象徵意義。到二〇一四年，Reddit 一直有聲明告知用戶它「從來沒有接獲國家安全信函、依外國情報監控法發布的命令，或是其他任何對用戶資訊的機密要求」。它也明白表示：「如果我們接獲這樣的要求，會努力讓大眾知道它的存在。」

當該聲明在二〇一五年撤除，Reddit 還發布隱晦的訊息指出它無法評論金絲雀失蹤事件，用戶完全明白它的意思，因而可以採取相應行動。這種公司執行的漏洞之所以有效，正是因爲它安靜地順從。[54]

Reddit 二〇一五年的靜默很重要，不僅因爲它順利通知了用戶，也由於這是在聯合創辦人亞倫．史沃茲去世兩年後執行。他的過世促使許多學術和社運人士開始尋找漏洞，規避禁止取得和傳播學術知識的付費牆。

付費牆

史沃茲是鼎鼎大名的「激進駭客」，也是開放知識運動的鬥士。開放知識運動的指導原則是知識應免費使用、再利用和再分配，不應施加任何限制。他涉嫌爲了規避付費牆，試圖透過麻省理工學院帳號下載 JSTOR 學術論文，讓大眾都能取得那些文章，因而遭到逮捕，面臨三十五年的刑期。在檢方拒絕他對認罪協商提出的對案後，他自殺身亡。[55]由於他爲開放知識奮戰不懈，因而成了電腦極客、科技巨擘、學者和社運人士的偶像，卻被娛樂、出版和製藥界視爲眼中釘。

史沃茲鼓舞了仍試著拓展知識流通的人士，而他們不會再面臨入獄的風險。史沃茲對智慧財產權採取比較硬碰硬對決的途徑，遭遇了重大反彈，於是後來有些人找到並鑽了法律漏洞——法律無法輕易起訴他們。執法機關必須擴大解釋，將這些漏洞列爲輔助侵權——也就是說，被告明知最終會侵權，仍刻意導致或實質促成。但就算在這種被告極少遭起訴的案例中，他們的行爲會得到激烈抗辯而難以證明。

舉例來說，在史沃茲被捕的同一年，井字標籤 #icanhazpdf 開始被用來請求存取付費牆後面的學術期刊論文。它是這樣運作的：想要存取某篇文章的人，可以在推持打出文章標題和其他相關資訊，以及自己的電子郵件，加上井字標籤 #icanhazpdf。有文章存取權限的人（例如：透過大學聯盟）若看到發文，可以下載文章、直接和求文者分享。[56]這個漏洞行得通，是因爲就算我們無法公開傳播這類文章又不侵犯版權，但基本上學者被允許直接、無償和個人分享論文——就像你可以跟朋友借書那樣。如果論文不是人人都可取用，你傳送論文也沒有收費，那就幾乎不可能被起訴。

有趣的是，論文作者也在鑽漏洞。作者將他們版權受保護的文章改爲ＰＤＦ檔，放在社群網路（比如ResearchGate）上供人存取，沒有學術期刊的標識或版型。此法可行是因爲儘管學術論文有版權，論文中的知識和內容卻可以「預印本」（preprint）之姿免費分享。這不會直接侵犯期刊出版社的版權，而學術界每個人都了解個中意義：讀免費版，但要引用正式出版品。

期刊出版人不是這種策略的粉絲，因爲這會損害他們的商業模式：仰賴把研究關在付費牆和訂閱制後面。但學者會基於不同原因追求這種變通方式。首先是出於自私因素：在期刊發表論文能提供他們在同儕間需要的聲譽；自由取用的內容幫助他們散播自己的知識、獲得更多人引用，進而提振自己的生涯。也就是說，透過發表期刊論文加上公開分享知識，學者可以一魚兩吃。

第二個原因，很多學者就像史沃茲，信仰開放知識，尤其是學術研究動用納稅人的錢時。很多學者強烈反對學術出版社的商業模式：索取論文存取的費用，卻不資助研究，也不付錢給投稿的作者和評論者。學者鑽了這些漏洞，形同挑釁出版社、侵蝕他們的獲利，但沒有鋃鐺入獄或危害生涯的疑慮。此外，學者可以自主、不按牌理地透過普及的網路鑽這些漏洞，不需要所屬機構的支持。

這些支持知識分享的漏洞在兩方面與前例不同。首先，它們代表更模糊的案例。運用 #icanhazpdf 等變通方案的人不算完全無違法之虞，但「可允許」的界限並未那麼明確，執法單位也沒轍。其次，這個案例也證明一個漏洞的影響力可以如何像滾雪球般愈滾愈大，進而引發變革：如同這個開放知識運動的案例顯示，當一大群利益關係人（例如：學者）紛紛尋求變通之道，他們可以挑戰獨霸的當權者（在這個例子是出版商），催生出替代模式。

鑽漏洞如何在新冠肺炎疫情期間拯救人命

很多位於權力邊緣的人與襲佩慈、科技公司的極客類似，都找到並利用漏洞，公然抗衡政府的當權者。但權力是相對的，政府官員也可以利用鑽漏洞的變通方案。事實上，我見過最足智多謀的變通方案來自巴西的弗拉維奧．迪諾

（Flavio Dino），他在宿敵雅伊．波索納洛（Jair Bolsonaro）當選總統那年連任馬拉尼昂州州長。

馬拉尼昂州約有半數人口每天靠不到五．五〇美元維生[57]，在新冠疫情之初就面臨嚴峻的難題：難以提供醫療給與日俱增的病患。在疫情爆發初期，該州預估對抗病毒的成本幾近一億六千萬美元。聯邦政府僅提供一千萬，可是該州迫切需要呼吸器來照護不斷增加的新冠病患。[58]

之後當地的商人為了能迅速為公立醫院採購呼吸器，捐贈了約三百萬美元給州政府。可是州政府拿到這筆錢，卻無法順利獲得呼吸器，因為它們是中國製造，而中國到巴西沒有直飛班機。在第一次嘗試中，州政府規畫請中途停美國加油的班機從中國運來呼吸器，但美國政府攔截了貨物，加價買下設備。第二次嘗試是經由德國，結果德國如法炮製。第三次，他們試著向一家設在聖保羅的巴西公司購買呼吸器，但該公司不能賣他們，因為聯邦政府要走所有呼吸器，以便依照聯邦政府中央集權的計畫重新分配給各州。[59]

迪諾州長曾任聯邦法官，因此非常了解規定允許與不允許什麼。他會同幕僚和當地商人——包括巴西最大連鎖超市的高階主管與它最大的礦業公司，他提出一連串巧妙的變通方案，鑽了各種法律漏洞。相較於龔佩慈是爲了不同的場合用了許多漏洞，迪諾州長需要把「鑽漏洞」變通法層層堆疊起來，以因應單一目標：在新冠疫情爆發後立刻購買並安裝呼吸器。州長與他的事業夥伴所取得的成就如此值得注意，是因爲它證明一連串的漏洞可以按特定順序堆疊在一起，以及「鑽漏洞」變通法可能是看似不可能共事的不同參與者，在緊急情況中（例如在全球疫情拯救人命時）攜手合作的結果。

鑽了又鑽，一鑽再鑽

首先，請商人不要捐錢給政府透過一般公共採購程序來購買呼吸器，反倒將絕大部分資金直接捐給連鎖超市 Grupo Mateus，它已經有現成的向中國進貨的系統。藉此他們繞過了動輒耗時三個月的政府官僚採購程序。Grupo Mateus 和礦業公司 Vale 的員工不僅購買裝備，他們也動用在中國的人脈監控一〇七個呼吸器的製造，並確保成品不會賣給其他顧客。

然後他們找出第二個漏洞：不租用途經德國或美國的空中貨運服務，團隊從工廠護送呼吸器到最近的機場，一架Vale租用的貨機在那裡等著直飛巴西——不讓別人知道飛機載運什麼。但飛機仍需要找地方加油。避開杜拜、美國和歐洲，飛機經過衣索比亞，因爲貨物在那裡不會被詳細檢查，衣索比亞也沒什麼資源可用於徵收那些裝備。

在飛機降落聖保羅後，迪諾州長的團隊仍面臨一個重大障礙：聯邦政府仍可在呼吸器通過海關時強制徵收。所以這批貨物從出聖保羅到通過馬拉尼昂州海關這一路上，必須保密到家。

然而，就算順利進入馬拉尼昂，聯邦政府仍是稅務海關官員的雇主，他們仍可徵收貨物，把呼吸器送回聖保羅。於是這帶出這一系列第三個、也是最後一個漏洞：讓飛機在晚間九點降落——機場海關及稅務員工都下班了。運用這最後一個漏洞，有位政務次長簽署了一份文件，保證隔天會回去依法填寫完整的海關申報書（這確實填寫了），然後一批州政府員工立刻將裝備直接送往醫院讓病人插上。

隔天回到機場過海關時，他們知道聯邦官員不會徵收已經被用來拯救人命的呼吸器了。憑著這一連串變通方案，一〇七個呼吸器全數順利送抵地方醫院安裝使用了。[60]

無罪

當我跟一位聯邦法官說到這個案例時，他解釋說，後來，巴西負責收稅和海關的聯邦機構對馬拉尼昂州和其中一家參與變通方案的公司提出行政訴訟，要處罰他們不遵守國際貿易和海關法律、未先通關就將呼吸器帶出機場。州政府提出上訴，兩個月後，法院判他們無罪。法官了解這些當事人並無逃稅意圖，也無意走私違禁品進國內，而且緊急狀態勝過嚴格遵守進口貨物必須通關檢查的官僚程序。

根據這位法官的說法，聯邦政府仍可上訴或針對迪諾的變通方案參與者提出其他訴訟，但判決有罪的機率趨近於零。

集結眾人的能力和創意來尋找及利用漏洞，州政府與業界通力合作——各自發揮自己的長才，但能夠把一連串漏洞集合起來、拯救成千上萬人命，這兩大群體都不可或缺。

正視鑽漏洞的道德

鑽漏洞來分享學術知識，或是在全球疫情期間購買呼吸器——儘管很多人認為鑽這種漏洞無傷大雅，但身懷不同目的的人可能會利用這種與鑽漏洞有關的道德矛盾。在這個部分，會深入探討鑽漏洞的道德，以及為什麼自己鑽漏洞比較容易，防止別人鑽漏洞很難。

自製藥物

讓我們看看一個較極端的開放知識社群的例子。有一個備受爭議的團體致力對抗製藥公司的智慧財產權，以及美國食品藥物管理局等公共健康部門的權威。

加州曼隆學院數學教授密克索・勞佛博士（Mixal Laufer）是「四賊醋」（Four Thieves Vinegar）的主要發言人：那是由一群秉持強烈「DIY」精神、厭惡醫療智慧財產權的個人自發性集結的非正式集團。他教導窮人製藥，很快成為生物駭客領域的爭議性人物。他的努力被視爲顚覆資本主義和智慧財產權。資本主義和智慧財產權原本就會限制一般民眾取得藥物和全面醫療的權利。

我跟勞佛博士深入地聊過「四賊醋」——以中世紀鼠疫流行時期一個可能純屬杜撰的故事命名。這個軼事闡明了這個集團的目標：把醫療知識從那些坐收疾病擴散之利的人或公司釋放出來。故事是這樣的：幾名竊賊戴著摻了醋和抗菌草藥的面罩，洗劫瘟疫肆虐的地區。他們遭到逮捕，但在同意透露配方後獲釋，而他們的配方公諸於世，拯救許多人命。時至今日，這就是「四賊醋」集團的目標：有人壟斷了「醋」、靠其他人生病大發利市，他們要把「醋」分享出去。[61]

勞佛在二〇一七年繞過了邁蘭藥廠（Mylan）的智慧財產權，名聲大噪。該公司握有EpiPen的專利——一種腎上腺素注射筆，可拯救起致命過敏反應的人。該公司連連漲價來提高利潤，二〇〇七年兩支裝只要一百美元，到二〇一六年已超過六百美元。[62]這種做法讓勞佛這樣的民眾備受挫折，他們認為，取得藥物的權利在道德上勝過任何企業獲利的理由，更別說很多人已經買不起活命所需的藥物了。

為了反制，勞佛錄了一段影片，並出版一本按步驟循序漸進說明的手冊，傳授怎麼運用只要三十美元就可以從亞馬遜網站買到的原料製作 EpiPencil——明顯在影射 EpiPen。他鑽的法律漏洞是：他只是在分享知識，沒有做商業販售，因此理應沒有侵權問題——除非邁蘭硬要指控影片構成某種「輔助侵權」。勞佛知道風險，但也知道藥商並沒有特別熱衷於在這類案件中訴諸司法途徑。將他告上法院弊大於利。畢竟，訴訟反倒會幫勞佛宣揚理念，因為會有更多人知道他的變通方案，也會明白促使他挺身對抗該公司的理由。

他就是這樣不斷「得寸進尺」。勞佛認為能否取得醫療產品最終會變成組裝問題——如果我們知道怎麼組合的話，就像 EpiPencil 那樣。他告訴我：「它的難度，不會比組裝 IKEA 家具高。」在我們說話的同時，他正在研究開放原始碼的「藥劑師微實驗室」（Apothecary MicroLab）：一種用廉價網購原料打造的多用途化學反應器，可以用來在家中合成藥物。他的計畫是免費推廣打造「微實驗室」的方法，以及製作藥品的配方。他想做出一大批索華迪：美國生技公司吉利德科學（Gilead Sciences）製造的C型肝炎藥物。二〇一七年，十二週的索華迪療程要價八萬四千美元[63]，但根據勞佛的說法，如果你向可信任的供應商購買成分、自己組合藥物，他的配方成本起碼可以便宜一百倍。

我的叔叔是有心臟學博士學位的醫師，有次我跟他共進午餐講這個故事時，他說：「這個嘛，如果你能正確地合成，很棒，但如果你亂弄一通，搞不好會死。你要承擔這種風險嗎？」就算你不同意勞佛的理念，也得稱許他的巧思創意。他的邏輯是：儘管科學可以複製，卻有人樹立了強固的人爲障礙阻止我們複製並從中獲利。他說藥商和政府常利用諸如智慧財產權和「品管」等障礙，賦予少數人累積財富的正當性，卻忽略了普羅大眾的需求。

勞佛認爲繞過這些障礙是自然不過，也具道德正當性，因爲他認爲及時把救命藥物送到需要的人手上，比品管重要多了。四賊醋的行動明顯損害大藥廠的利益，卻幫助了那些需要取得較便宜藥物的人。

你覺得這個漏洞是「好」是「壞」，取決於將什麼事情（與哪些人）列為優先。你重視安全勝於普及嗎？你認爲專利並不公平，因爲它阻止民眾取得原本可以更普遍、花較少費用取得的藥物嗎？或者你認爲專利讓發明者能憑自己的發現獲得報酬——要是社會未適當地給予回饋，他們就不會有動力發明新的藥物，因此對社會經濟發展造成不良影響？

受爭議的變通方案最妙的一點，就是它會促使我們思考自己的價值觀，並理解我們的價值觀如何背離現狀。它也讓人反省那些強加給我們的正式規定或習以為常的規範，然後推動變革。

醜惡的漏洞

接下來，讓我看看一個我強烈反對的電子廢棄物的例子，來進一步探究鑽漏洞變通法的道德，然後一起思考漏洞的韌性究竟有多堅強，可以被很多人長久援用而不衰。

一九八九年草擬的《巴塞爾國際公約》目的在防止有毒的廢棄物從富裕國家跨界運送到貧窮國家。[64]但三十多年後，諸如馬來西亞等國還在將廢棄物貨櫃送回把垃圾運到那裡的富裕國家，因爲一些中低所得國家仍被當成世界的垃圾場對待。[65]

廢電子電器的處理問題尤其嚴重。這類廢棄物含有一長串對民眾和環境有害的化學物質。一旦未妥善處置，電子廢棄物會嚴重污染土壤、水源、空氣，以及整個食物鏈。富裕國家的公司爲了逃避在國內處理與日俱增電子廢棄物的成本，蓄意地透過鑽漏洞規避《巴塞爾公約》，將他們的電子廢棄物傾倒在迦納等國的垃圾場，聲稱他們其實是「出口二手商品」。[66]

各公司之所以這麼做，是因爲在德國或美國妥善處置舊電腦螢幕的成本，遠高於出口到別的地方。至二〇一六年，全球人口已棄置四千四百七十萬公噸的電子廢棄物，其中據估計光迦納就進口了十五萬公噸。[67]這些所謂「二手商品」最終大多在阿格博格布洛謝落腳，它是迦納幅員遼闊的城鎮，擁有一座超大規模的廢電子回收場。

當綠色和平組織檢測阿格博格布洛謝的土壤，調查人員發現污染程度高於安全規範建議的一百倍。長期接觸這些化學物質會傷害器官和骨質、生殖能力，甚至智力。那一帶大約有八萬居民，他們深陷貧窮的惡性循環，不得不燒電路板和電腦主機，打撈微量的金、銅、鐵來變賣。他們吸著有毒的氣體，很少收支平衡。[68]因爲這種嚴峻的生存環境，這個地區被戲稱爲「所多瑪與蛾摩拉」——《聖經》裡兩座被詛咒的城市。[69]

就廢電子廢棄物的例子，鑽漏洞是有爭議的，尤其它暴露了全球不平等有多猖獗、權力關係有多失衡。鑽漏洞造成的衝擊是正面或負面，取決於你對特定情境的道德觀。我認爲在迦納傾倒電子廢棄物應受道德譴責，而供應安全墮胎藥符合公益，但我也承認這些議題會有很多不同意見。然而，不論我們的立場和爭議爲何，鑽漏洞確實是一種在法律上站得住腳，又能實現目標的方式。你不必斷然支持或反對鑽漏洞。你可以把它當做實現渴望成果的手段，仔細思考一番。

這一章所舉的例子也證明鑽漏洞的韌性有多強。《巴塞爾公約》簽訂至今已超過三十個年頭，但傾倒電子廢棄物到外國的漏洞依然大開。很多人試著把它封起來，但這不是件容易的事；改變規則需要多方參與者進行大量協商，而各方優先考量和關心的議程都不一樣。這個漏洞的寬度可能會變，但未來仍會有一大堆電子廢棄物通過，直到封閉爲止。

「鑽漏洞」變通法何時派得上用場？

這一章描述的情境在提醒，我們常會發現自己受到既有規定局限，甚至受困。但「對」的途徑往往不只一條，而且二話不說地遵守或違反規定，不見得是搞定事情的最佳途徑。通常會有選項介於兩者之間。這在我們沒有權力或資源改變現實時，或因爲需求太過急迫、沒有時間苦等事情轉變時，尤其吸引人。

找漏洞的挑戰在於，我們習慣把根深柢固的規定視爲**唯**一正確的定則，而非正確的選項之一。之所以會這樣，是因爲規定引導著我們的思路，協助我們快速處理龐大的資訊量，同時卻限制了我們橫向思考和察覺細微差異的能力。不過，藉由從雜牌軍組織學到的經驗，我們可以察覺漏洞、追求漏洞的模式。

在這一章，非營利組織、公司、集團企業、律師、學界、科技通，甚至政府官員都找到聰明的途徑繞過各式各樣施加限制的規定——不論是限制他們本身，或限制他們在意的人。儘管這些故事的參與者、障礙和目標不一，但這些人士發現漏洞的方式不出以下兩種。

第一種：這一章很多例子都運用了比現況更有利的規則。夫妻赴國外離婚和再婚、律師援用動物權法律幫助客戶脫離狹窄的牢房、在公海荷蘭籍船艦上提供合法且安全的墮胎服務、科技公司仰賴美國言論自由法律找到有效的方法通知客戶政府正在監視，都是這樣的案例。當他們不再聚焦於限制他們的事物，改而著眼於較不常見的規則或較無人走的途徑，便發現了漏洞，進而能以合乎規定但跳脫傳統的手段得償所願。

第二種角度則是更仔細審視那些綁住自己的規則裡的「特定履行」（強制履行）條件，使它作廢或窒礙難行。我朋友一毛信用卡債也沒付、鮑西亞讓夏洛克和安東尼奧的契約無效、電子廢棄物被標爲「二手」產品湧向迦納、一位州長在醫療危機期間購買呼吸器、生物駭客在網路分享專利藥品的配方、學者分享科學論文而不侵犯智慧財產權，都是這樣的例子。這需要我們分析規則模稜兩可之處，以及規則可以（或不能）在什麼樣的情境下執行。

3
迂迴側進

「我回到印度是因爲我懷念在街上尿尿的自由。」[1]孟買一個受歡迎電視頻道的創意總監這麼說。他是在解釋爲什麼要離開在加拿大的安逸生活和優渥薪水，回到母國。雖然這位旅居國外人士把隨地便溺視爲一種浪漫，牆壁的主人卻不會同意。印度政府譴責這種不衛生的習慣，不過長久以來，他們一直沒辦法強力取締。

人爲什麼會有對著公共牆壁撒尿的傾向呢？有些人替這個習慣緩頰，指出這是該國公共及私人廁所不足所致，有些人希望事情會隨著公共衛生基礎建設改善而好轉。二〇一四年以前，印度仍有近半人家沒有廁所，於是同年印度總理納倫德拉．莫迪推行「清潔印度」運動，以杜絕隨地便溺和人力清糞爲目標。但儘管二〇一四至二〇二〇年間建了一億一千萬間廁所，公共場所隨地大小便的問題依舊未解。[2]這樣的結果，許多政策制定人士並不意外，他們相信隨地便溺是性別行爲問題，不只是反映欠缺場所設備——畢竟，女性還是會設法找到盥洗室或其他較適當的地方來解放。

各種階級和背景出身的印度人都形容這種行爲「無可避免」。當我前往印度，問一般民眾爲什麼男人這麼習慣對公共牆壁撒尿，民眾以「這就是印度、印度就是這樣」之類的答覆迴避問題。愈多人在公共空間便溺，這種行爲就變得愈正常。

管理機構、社運團體，以及飽受這種習慣困擾的個人，試過一大堆改善方式。印度很多州都立法處罰隨地便溺，但幾乎執行不力。警察大多認爲這種習慣無可避免，不明白爲此處罰民眾的意義何在。

對執法不力深感挫折，社運人士決定親自上陣。一個名叫「清洗印度人」（The Clean Indian）的團體在 YouTube 貼了一段影片：一群戴面具的社運人士搭黃色大卡車巡行城市，看到隨地便溺的民眾就拿大水管噴他們水。[3]影片迅速傳開，提高了能見度，但對於隨地便溺者沒造成什麼衝擊，畢竟在一個人口超過十億的國度，大多數隨地便溺者根本不知道這個噱頭。牆壁的主人也試了羞恥式策略，比如在牆上寫著「在這裡尿尿的沒屁眼」，這招也失敗。事實上，不知是出於反抗還是幽默，有些隨地便溺者甚至變本加厲。

不過，牆壁主人有一招似乎效果不錯。我巡訪印度各地，常見到牆壁約膝蓋高度的地方，嵌著繪有印度教神明的方形磁磚。有些牆壁甚至結合了印度教磁磚和描繪穆斯林、基督教和錫克教肖像的圖畫，和諧地結合了這個國家的幾大宗教。起初我以為這些只是在彰顯宗教虔誠。後來一名研究人員向我解釋，神明監視的目光似乎能讓原本想隨地便溺的人心生畏懼。畢竟，在神明面前尿尿是褻瀆的行為，更別說尿在神像上。如果一條街兩邊的牆壁一邊有神像而一邊沒有，差異更是明顯。有些牆壁主人告訴我，在他們砌上印度教神明的磁磚後，便溺事件足足少了九〇%。

怎麼會這樣？隨地便溺似乎是個根深柢固的社會習慣，提供廁所或強徵罰款似乎改變不了民眾的看法、認知或行為。要是你無法輕易改變人的思想，何不打入他們的信仰系統，促使他們做出不同的行為呢？

這種變通思維或許看來不盡理想，尤其它並未徹底解決問題：民眾還是會去對街找沒有神明盯著他們的地方尿尿。但有時只能寄望找個辦法保護你的牆不被自己無法改變的行爲污染。毫無意外，這種變通法大受歡迎，如今這種有神明裝飾的牆壁在印度比比皆是。

也有人發揮創意，把這個邏輯應用在國內其他地方，比方說，餐飲業者開始在廚房放神像來提醒員工，料理食物前要先洗手。就連公共運動也蒙受其利。二〇一六年，一家總部設在印度的製造公司發布一段 YouTube 宣傳影片，名爲 #DontLetHerGo。[4] 影片提醒約占該國人口八成的印度教信徒[5]：象徵財富與繁榮的吉祥天女只住在乾淨的地方。影片裡說：「下次在你想要亂丟垃圾之前，請先想想吉祥天女可能就此棄你而去。」

打入民眾的信仰系統或許可以激發他們改變行爲，在這一章，你還會見到其他各式各樣的手法——透過運用我所謂「迂迴側進」變通法來遏制看似無法避免的行爲。

何謂「迂迴側進」變通法？

正向回饋的迴路會造就自我強化的行爲，而「迂迴側進」變通法會打亂它，使其改變方向。讓我們從系統思維的角度，更仔細看看回饋迴路包含哪些事。[6]

當一個系統的輸出兜了一圈回來，成爲同一系統的輸入，就形成回饋迴路。這些迴路可能是正向或反向的——而正向或反向不代表影響力有益或有害。反向的回饋迴路就像家用自動調溫器：要是溫度掉到低設定值以下，調溫器就會啓動暖氣，溫度一回到高於設定值，就會關掉暖氣，藉此透過自我調節來維持溫度穩定。

反觀正向的回饋迴路會促成自我強化。這是由一連串互爲基礎、互相強化的事件組成，不分好壞。如印度隨地便溺的例子所示，愈多人在公共場所尿尿，隨地便溺就愈會被視爲常態。要是社會接受這種行爲，就會有更多人在公共場所尿尿，或無視懲罰的措施。反過來說，在公共場所尿尿的人愈少，這種習慣就愈可能不見容於社會，把街道當小便斗的男人也會愈來愈少。

自我強化的行爲可能發生在社區及個人層面。我小時候每一次跟我哥打架都會感受到這種原理的衝擊。他拍我一下，我就推他一把，然後他的拳頭就會揮過來，打鬥迅速增溫，不用多久，我們兩個就在地上扭打成一團，想把對方掐死。這種戰鬥升級的特性就和坍方一樣；一塊岩石崩落可能把其他岩石撞出原本的位置，進而使其他更多岩石脫落，最後可能整座山一起滑落，影響整個社區。

一旦啓動，自我強化的循環就難以中斷，但中斷就是「迂迴側進」變通法的貢獻，也就是你會在這一章學到的。我稱這種變通方案爲「迂迴側進」，是因爲它們可以擾亂流動，重新設定流向。在我們只能朝一個方向行進時，「迂迴側進」變通法可以做爲一種權宜之計，允許我們慢下來，改變行進方向。

就像畫了神的壁磚，「迂迴側進」法或許一開始無法提供一勞永逸的解決方案，但讓我們得以稍微避開一個普遍的問題、爭取時間等棘手的問題獲得解決、延緩評估作業來增進成功機率，或是反抗持續不斷的壓迫。在較罕見的例子，「迂迴側進」甚至可以徹底改變現狀，將惡性循環變成良性循環。我們會在後文討論「迂迴側進」包含哪些要素、爲什麼重要，以及如何成形、如何公然違抗看似無可避免的結果。

第一個例子是大家都已非常熟悉的：保持社交距離。這種「迂迴側進」變通法已在史上最嚴重的兩波疫情期間拯救了無數人命。

保持社交距離是權宜之計

我有隻小小鳥
我叫他小流
我打開窗子
小流飛入成流感

這首從一九一八到一九一九年美國兒童琅琅上口的童謠，反映了一種「新的常態」——一場威脅，也就是「大流感」，無所不在，已堂皇進入住家以外的世界。[7]

它也被稱爲西班牙流感，它引發全球性的災難，估計造成五千萬至一億民眾喪命。疫情摧枯拉朽般的擴散完全掩蓋了第一次世紀大戰結束的喜悅。事實上，死於這場流感的人數遠比一次大戰還多。[8]

因爲這種病毒是空氣傳播，它橫掃全美國，顚覆了日常社會互動。費城，美國首屈一指的造船和煉鋼重鎭，是受創最嚴重的地區之一。一九一八年十月，棺材價格一飛沖天。疫情爆發後前六個月內，費城死於流感的人數是聖路易市的兩倍多（分別爲每十萬人有七四八／三五八人喪命）。[9]

比起像聖路易之類的城市，爲什麼費城的災情如此慘重呢？時間很重要：既然費城無法及早採用有效的療法來對抗病毒，那麼限制社交互動的積極措施是遏制死亡人數的關鍵。費城在一九一八年九月十七日發現第一個流感病例。市府官員認爲只要宣導不要在公共場所咳嗽、吐痰、打噴嚏就已足夠；他們並不想要擾亂城市的日常生活。就算疫情已迫近，費城仍在九月二十七日主辦一場愛國遊行，有閱兵部隊、樂隊、男童軍和白衣女學生、大批歡呼喝彩的觀眾，據估計約有二十萬民眾共襄盛舉。病毒傳播開來，遊行兩天後，市府官員承認疫情爆發。爲時已晚。

反觀聖路易市則是迅速採取變通方法，克服欠缺有效療法的事實。該市強制執行保持社交距離的措施來限制病毒傳播。官員發現第一個病例的兩天後，市府就暫停公共集會，並對病患實施隔離。雖然仍不明白究竟發生什麼事，也不知道如何處理這種新病毒，但他們確實知道它傳染力極高、已奪走多條人命、又已對醫療設施形成巨大壓力。保持社交距離是阻攔病毒傳播的權宜之計。當幾年後病毒演化成沒這麼致命的變異株時，聖路易市的死亡人數比費城少了很多。[10]

約莫一百年後，世界又經歷了一場大規模疫情。新冠肺炎或許讓市井小民大吃一驚，但科學家早在西班牙流感落幕時，就警告會有下一波大流行了。二〇一八年，劍橋大學數學家茱莉亞．高格（Julia Gog）曾提醒：「問題不是『會不會來』，是『什麼時候來』。這在過去發生無數次了，很可能捲土重來……如果我們無法阻止，就只能改弦易轍，起碼更妥善地分配我們的資源，試著降低每一個地方的患病人數。」[11]

政策制定者知道新一波疫情會帶來嚴峻的威脅。美國喬治．布希總統曾授命制定對抗生物恐怖行動（在世界各地以生物製劑爲武器的恐怖攻擊）的計畫，後來成為美國因應新冠疫情排山倒海而來的核心腳本。[12]無獨有偶，二〇一七年，英國風險管控手冊（Risk Register）——由政府主筆、為民間社會可能遭遇的所有全國性危機擬訂因應計畫——也將恐怖攻擊和流感疫情列為兩個最慘烈的潛在危機。[13]在全球各地，政策制定者和科學家早就明白，無論是自然形成的病毒也好，在國家敵人實驗室裡創造出來的病毒也好，病毒傳播都可能變成一種惡性循環。套用布希的話：「流行病就像森林大火。若能及早發現，或許就能及早撲滅而不致釀成太大災情。如果放任它悶燒、疏於察覺，那可能演變成人間煉獄，蔓延速度遠遠超出我們所能掌控。」[14]歐巴馬政府維持並精進了特別小組，也秉持同樣的觀念。「要阻止森林火災，就必須將餘火隔絕於外。」當時在美國國家安全會議中擔任全球健康安全與生物防禦理事會資深理事的貝絲·卡麥隆（Beth Cameron）這麼說。[15]

二〇〇六年，寫下這個腳本的委員會研究了接觸傳染的模式，研擬出一套飽受批評的計畫：要是美國遭受某種致命流行病襲擊，政府必須叫國人待在家裡。這種模式主要是桑迪亞國家實驗室科學家羅伯特·格拉斯博士（Robert Glass）所建議。他研究了複雜系統的運作方式，以及我們可以怎麼避免大災難。受到十四歲女兒在校研究社群網路的啓發，格拉斯探究了學校會是多麼危險的傳染管道，以及如何瓦解傳播鏈。[16]格拉斯和同事用超級電腦進行模擬，結果顯示在一個有一萬人口的虛擬小鎮，只要學校停課，就只會有五百人患病，但如果正常上課，很快就會有半數人口染疫。該研究斷定，「在欠缺疫苗和抗病毒藥物之下」，保持社交距離「是可以抗衡劇毒株的地區性防禦」。[17]

在對抗大規模傳染病方面，保持社交距離不是新的變通方案——這在西班牙流感期間就已拯救過人命：當年，關閉學校、教堂、劇院及禁止公共集會降低了死亡率。然而，在製藥界蓬勃發展數十年後，近年來很多消費者開始指望藥商做出不可能的事。我們以爲不管有哪種疾病冒出來，就會馬上有解藥問世。不幸的是，新冠肺炎的例子並非如此。

在二〇一九年首度有人指出染病後，新冠肺炎的病例迅速蔓延世界各地，促使世界衛生組織在二〇二〇年一月三十日宣布「國際關注公共衛生緊急事件」，四十天後又宣布疫情進入「全球大流行」。疫情爆發後不久，許多民粹政客興風作浪，在幾無科學證據下妄稱我們已經擁有治療新冠肺炎的合適藥物，例如：羥氯奎寧——FDA核准治療或預防瘧疾的藥物。保持社交距離儘管效力得到歷史和流行病學證明，但在許多政客眼中，它仍是反烏托邦的替代措施。這樣想的人包括美國政客——雖然這個國家因爲格拉斯等科學家的研究，早在十五年前就已經了解保持社交距離的重要性，而且政治人物和公務員也早就規畫了以科學爲基礎的疫情應對方案。

科學界很快出面強調，全球大流行期間，我們就是不能過平常的日子。媒體最終也詳盡說明了這些依循實證的敘事。科學家多半認識到，我們比以往更需要保持社交距離：自西班牙流感以來，世界人口已從十八億[18]成長到七十八億[19]，而且現在我們已過著全球化、超連結的生活，因此這會轉化成更高的傳播速率和致死可能性。

當新冠疫情在二〇二〇年三月重創義大利倫巴底地區時，劇本似乎和百年前費城的情況如出一轍。保持社交距離一事推動得緩慢且不均。在某些地方，只有社交集會和一些經濟活動受限制；有些地方則實施全面封城，民眾唯有採買必需品和就醫時才准外出。結果，這個區域各城市的死亡人數相差懸殊。

把自己關在家裡或許看來落後且有損經濟，但因爲病毒是一傳十，十傳百，我們需要臨時的權宜措施來打亂、減緩傳播速率：我們必須爭取時間。這種「迂迴側進」變通法固然解決不了問題，但能降低死亡率、減輕醫療系統承受的壓力，給科學家和醫療專家時間更深入了解病毒、找出有效的抗病毒藥物，並研發疫苗來讓疫情落幕。

祕密行事的「迂迴側進」變通法

有時我們得讓自己與世隔絕來避免流行病的最糟效應；有時我們得先進行「地下活動」來爭取時間和空間，好讓具有顛覆性的構想能充分發展。

在大部分的公司，員工都需要管理階層的許可才能發展新的構想或企畫。當一名員工的構想還在初步階段時，是很難說服主管相信它的潛力。管理者通常唯恐浪費公司資源。這是創新世代的自主與當責之間本來就有的緊張，大公司更是如此：它很難找到平衡，既給予員工發揮創意的彈性，又守住界線、確保員工的努力符合公司的優先要務，並顧及公司的資源限制。

自主和當責之間的平衡錯綜複雜，因爲控管與自由都可能自我強化、變本加厲，甚至失控。員工愈可以測試自己的構想，就愈覺得自己能有所貢獻，因而傾向繼續探究。反之亦然：員工的構想愈常遭到忽略，或主管強加愈多規則限制創意，員工就愈覺得自己提不了什麼建議，或難以投入什麼創新企畫。

一旦員工有了新點子，想探究一番，卻擔心時機太早而無法獲得管理者授權，這時會發生什麼事呢？有些人選擇迴避公司的規定或直屬命令，繼續探究他們的點子。創新管理學者稱此爲「暗渡陳倉」（bootlegging）[20]——指美國禁酒時期民眾把酒藏在靴子裡的做法。「暗渡陳倉」包括任何未得到組織正式支持、且不被管理高層看見的新構想研究行動。

由於資源稀缺，公司通常會優先進行成本較低、較明顯與公司願景及核心事業一致的案子。避開公司規定的員工會創造祕密空間來研究尚未獲得授權的專案。在極端的例子中，他們會藐視直屬命令，不過在大部分的案例，他們只是繼續鑽研，直到發展出成熟的成果、準備好透露構想爲止。請注意他們或許無視公司規定，但他們並未偷竊；「暗渡陳倉者」用公司資源發展構想，是因爲他們對於什麼可能對公司好、什麼可能對公司不好的看法與管理者不同。如果他們成功了，「暗渡陳倉」會造福公司。事實上，我們這個時代一些最具變革力的創新，最初都是來自這樣的變通方案。

陽奉陰違

據說「暗渡陳倉」曾造就一種較具耐受性的止痛水楊酸的合成，即阿斯匹靈。據說當年輕的拜耳化學家菲利斯·霍夫曼（Felix Hoffmann）發現父親拿來治療風濕病的味苦活性成分水楊酸鈉會使他嘔吐，霍夫曼變成了「暗渡陳倉者」，努力研發更好的替代方案。[21]約一百年後，同公司的科學家克勞斯·格羅赫（Klaus Grohe）偷偷設計了賽普沙辛（ciprofloxacin）的結構式[22]，後來這種廣譜抗生素獲得國際關注，成爲第一個獲FDA核准用來治療生物武器炭疽熱的藥物。[23]

「暗渡陳倉」也在電子業產量豐富，對我們一些最常見的機件裝置的發展影響深遠。一九六〇年代惠普工程師查克．豪斯（Chuck House）設計了一款大螢幕的顯示器，不顧公司共同創辦人兼執行長大衛．普克（David Packard）中止計畫的命令。這種裝置已經融入惠普超過半數的產品。普克後來還頒了「抗命勳章」給豪斯，「表彰他除了執行正常工程任務外，特別藐視及反抗命令。」[24]電子業其他「暗渡陳倉」的創新包括默克的液晶顯示技術、日亞的藍光LED技術、東芝的第一部筆記型電腦，以及全錄的第一部雷射印表機等等。[25]

因爲這類「迂迴側進」變通法是偷偷摸摸進行，它們並不容易發現和證實。但我們相當清楚它爲什麼會發生，又是怎麼發生的。「暗渡陳倉者」會對自己的案子三緘其口，直到價值顯現爲止。這特別重要，是因爲創新計畫固然可能帶來優越的前景和可能性，但其初期績效和作用多半慘不忍睹。有些我們相當鍾愛的產品，比如阿斯匹靈，若非「迂迴側進」爲有創意卻不聽話的員工提供追求自主計畫所需的空間和彈性，它可能已遭主管審查而胎死腹中，或是要花長得多的時間發展。

禁令文化

創新管理研究已證實，在「暗渡陳倉」較普遍的公司，員工較不會反對同事的抗命舉動，也較可能暗中進行創新的團體行動，營造出一個鼓勵員工發展新構想、並依本身步調公開構想的環境。反之亦然：要是管理者嚴禁「暗渡陳倉」，就會使阻擋創意的文化變本加厲。[26]

「暗渡陳倉」可以擾亂這些自我強化的行為，鼓勵企業文化實行變革。當公司體認「暗渡陳倉」創意企畫的價值，有些會開始睜隻眼閉隻眼，讓它們繼續茁壯，同時避免和會計及管制人員發生衝突。其他一些曾得利於「暗渡陳倉」的公司，比如3M和惠普，還更進一步，大幅修正企業文化。他們允許員工投入一〇%到一五%的時間追求自己創新的興趣，因此員工不必再特意迴避管理規定，就能繼續探索自己的點子了。[27]

從這些案例，我們學到公司可以利用成功的「迂迴側進」變通法來發揚更有彈性的企業文化。擁有更多自主權和彈性之後，員工就不再需要迴避主管。他們可以離開祕密活動，公開探索機會，這使他們能找出若時時如履薄冰就難以察覺的互補機會。藉此，他們可以揭露自己的構想、獲得回饋，並邀請別人一同創造。

「迂迴側進」變通法的力量

儘管應用方式各有千秋，「迂迴側進」變通法卻可以改變權力動能。我最早是在社會企業家身上發現這個特性，比如印度庫坦巴坎村的地方領袖伊蘭戈．蘭加斯瓦米（Elango Rangaswamy），他採取了一個聰明的變通方案來挑戰種姓歧視。

種姓制度鬆動了

印度的種姓制度將人口分成眾多階級團體。三千多年來，它幾乎主宰了社會生活的每一個層面。印度有四大階層群體（婆羅門、剎帝利、吠舍、首陀羅），這些群體又進一步細分爲大約三千個種姓和兩萬五千個次種姓。賤民，又稱「穢不可觸」者，注定一生遭到排斥，只能從事最卑微的工作，例如：打掃廁所或養豬。[28]

我對種姓制度自我強化的性質深感好奇，於是向不同種姓的印度民眾詢問最佳對抗之道，但他們的回答都充滿懷疑。每個人都強調主流的反種姓行動是以執法爲基礎，他們表示透過嚴厲的懲罰，事情可能會慢慢好轉，但制度改革並非一蹴可幾。有些學者認爲教育也可能改變人的行爲，但此過程要耗上好幾百年才能徹底改造這個國家。一位較具革命精神的專家告訴我：「什麼都無法奏效，只會毀了印度教，因爲如果你把種姓從印度教拿掉，印度教就什麼也沒有了。」儘管眾人對解決這個問題的方式各有看法，但大家一致同意，因爲它在社會結構中是如此根深柢固，種姓歧視已變成常態，且不斷自我強化。

雖然種姓制度看似無可避免，以賤民身分在庫坦巴坎村長大、親自經歷過種姓衝突與歧視的蘭加斯瓦米，卻在自己的村子裡運用了聰明的變通方案。他的「迂迴側進」沒有解決問題，但擾亂了他時時面臨的歧視慣例。

故事從原爲工程師的蘭加斯瓦米獲選爲村裡首位鄉村五人長老會潘查亞特的

主席開始。這個地區領導職負責帶領印度村里進行由下而上、參與式的管理。他的村子為窮人建造房舍，有主要由政府提供的資金。蘭加斯瓦米思考要把房子蓋在哪裡，並在一個賤民居住、與非賤民隔離的地區找到一塊可以利用的土地。當他宣布要把房子蓋在賤民區時，非賤民——其中很多也一貧如洗、租危險的屋子住——向蘭加斯瓦米表達自己的憂慮。他向我轉述他們的說法：「先生，你只幫賤民蓋房子。我們也沒有土地，無家可歸。誰要幫我們蓋房子呢？」他這麼回應：「沒問題，我們可以給你們房子住，只要你們準備好與賤民同住，因為那裡有可以利用的土地。」

這個回應令非賤民大吃一驚。但在那時蘭加斯瓦米的變通方案已然成形。除了處理居住議題，他更把它當成解決村裡種姓歧視的契機。他告訴我：「我把握機會，盡可能讓大家混居在一起。」接著他又說：「我想要建造雙拼的住宅，一邊住賤民家庭，另一邊住非賤民家庭。」他必須花很多工夫說服非賤民，但蘭加斯瓦米聰明地幫助他們更務實地看待這個問題，而非試圖改變他們對種姓的觀念：「我打給所有村民說：『我不是故意要讓你們和賤民住在一起……但只有賤民社區那邊有可利用的土地。我們原本打算蓋五十間房子，但如果你們有興趣，我們會蓋一百間；你們可以過來住其中五十間，另外五十間留給賤民居住。』」非賤民馬上明白自己有兩個選項，一是住進免費、高品質的房子，只是要與賤民住同一區；二是繼續待在要付租金又不安全的危樓裡。

這是什麼狀況？執法或教育都無法以令人可接受的效率解決這個議題。偏偏這個問題又急迫且持續惡化到大家不可兩手一攤，撒手不管：歧視、孤立、壓迫賤民的行為代代相傳。蘭加斯瓦米的「迂迴側進」變通法向我們證明，你可以用一個問題（住宅有限且品質低落）來處理另一個問題（種姓歧視）——而這在我們處理盤根錯節、僵持不下的問題時格外有幫助。

蘭加斯瓦米在二〇〇〇年進行的住宅干預給這種自我強化的循環施加了壓力，縮短了不同種姓視為理所當然的距離，包括身體與情感的距離。隨著賤民和不同種姓的家庭同住類似環境，在這些家庭長大的孩子會開始一起嬉戲，不再依種姓歧視他人。當然，種性藩籬並未完全撤除，但起碼敵意已經減輕，新的世代也逐漸開始挑戰種姓制度。二〇一八年，當我和蘭加斯瓦米沿村散步時，他指著一對並肩行走的年輕朋友給我看：那是一位賤民和一位非賤民——在他進行自己的變通方案之前一直想都不敢想的事。

他的「迂迴側進」干預措施也帶來其他間接影響力。賤民和非賤民開始一起動員倡導更好的公共服務，例如：建立衛生系統、公共住宅，以及供給水電等等。他的計畫成了其他村子的標竿。事實上，在蘭加斯瓦米完成雙拼住宅案數年後，印度政府決定在泰米爾納德邦轄內的兩百五十多個村落複製他的模式。

蘭加斯瓦米教導我，「迂迴側進」變通法的核心是與「在所難免」的事共舞。他並未貿然直接改變與種姓制度有關的根深柢固行爲和信念，反倒透過非傳統的混居住宅工程來間接處理種姓歧視。

對抗強權的「迂迴側進」變通法

這一章剩下的內容將聚焦於社運人士、社會運動和社會企業家。我認爲「雜牌軍」組織和「獨行俠」都有相當多地方值得我們學習：受到必須斷然對棘手議題採取行動的需要所驅使，他們必須富於機智、手段靈活且反應敏捷。過去認爲，非營利組織、社會運動、政府機構等所有類型的組織，都該以商業模式爲榜樣，讓我們挑戰一下這個觀念，改換成效法社運人士嘗試一點一滴脫離壓迫性體制的行動。

學習重整旗鼓

首先，我們先來探究建築師絲瓦提·賈努（Swati Janu）和妮迪·索哈尼（Nidhi Sohane）是如何幫助德里的弱勢社群抵抗驅離行動。據賈努表示，在印度，城市聚落遭到驅離如家常便飯。由於缺少負擔得起的已開發土地，加上移民持續湧入像德里這類的城市，形形色色未經計畫的聚落因此不時冒出來。其中有些被稱爲「占居」或「侵占」的聚落位於公家單位持有的土地上，例如：印度鐵路或德里市政局。這些民眾未經許可在這些土地違法建屋或占屋，往往一住就是數十年。他們的聚落一般是在民眾嫌避的地帶，如下水道或鐵軌旁，但隨著城市擴張，開發商也想要在這些嫌避地帶蓋房子了。或者如賈努所言：「市場的力量使這些土地搖身變成絕佳的房地產機會，於是他們開始驅趕居民。」

居民會在正式驅離前幾天獲得通知。政府當局表示驅離無可避免：畢竟，這些居民是非法占住公有地。每當有弱勢人口遭驅離，他們都會蒙受相當程度的物質損失。政府會夷平他們的房屋和作物，但被驅離的人通常過幾天就會回來。我天眞地問賈努，這樣看來，政府的行動算不算徒勞無功？因爲居民韌性堅強，去而復返。她委婉地糾正我：「這不能說是韌性，韌性的說法會使他們的處境變得浪漫。不是每個人都會回來，而且他們每一次回來，擁有的東西都更少了，人也變得更脆弱了。很多居民數度遭到驅離，只能露宿街頭。一旦屢屢遭到驅離，除了失去資產，他們還會失去〔求生〕意志。」

這一回，賈努和索哈尼接獲通知，在新德里附近亞穆納河兩岸聚居的一小批農人，即將遭到驅離。以往這個地區是由一些個人持有，把土地租給移居者，但土地已經在數十年前賣給政府了。然而，這些舊地主仍繼續向居民收租。雖然居民心裡知道土地爲公有，但這些地主勢力強大，仍持續牟利。然後，當那個地區的市場價值上漲，驅離行動就開始了。所以居民是被迫繳租，又可能隨時被趕走。因爲沒有其他地方可去，居民陷入雙重壓迫的惡性循環。

在二〇一一年一次合法驅離行動中，政府摧毀了當地一所非官方運作、教導約兩百名學生的學校。這次拆除明顯違反了國家的教育權：就算學校所在的聚落爲非法，德里開發局也無權拆除學校。於是該社區向高等法院提出上訴，獲得就地重建學校的許可，只是仍須列爲臨時學校。

法院的判決讓兩人靈機一動，想出一個「迂迴側進」變通法。賈努說，我們「需要爲一個不屈不撓、在不被允許的地方奮力求生的社區找出變通方案，需要堅決主張一個社區有維持和成長的權利」。

賈努和索哈尼明白理想的解決方案（停止驅離、授予居民繼續利用那塊土地的權利）遙不可及，他們首先需要打破使移民深陷貧窮的惡性循環。引用賈努的話，這正是爲什麼「我們一直繞著限制尋求解套，從來沒有明確的解決方案」。秉持這種靈活的心態，她們在二〇一七年設計並建造了一幢臨時組合屋學校，名爲「ModSkool」。這種建築可以在一天內組裝及拆卸完畢，可避免被拆毀，也能確保在合法邊緣持續使用。

這兩位建築師動員了志工和社區成員，並募款來執行變通方案。學校使用時，金屬骨架可塡入當地所產的材料，例如：竹子、乾草、二手木材等；一旦收到驅離通知，居民可迅速拆解學校，把零件存放在一個約一坪的小隔間裡。因爲這種設計沒有留下任何東西給推土機夷平，學校避免了物質損失，還可在驅離後迅速恢復運作。這種變通方案讓社區更有餘裕抵抗，撐得也更久。賈努說：「這種無常，這種轉瞬即逝，其實正是社區求生的應對機制。」

可拆卸的學校並未解決驅離的問題，也未必能改善社區的處境，但至少可以防止更大的損害。這種靈活的毅力可以讓他們在那片土地的棲居，變得跟政府的驅離一樣「在所難免」。如果你眼前最關心的是延緩戰鬥，以保住晚上睡覺的地方，那麼重整旗鼓可能比再打一拳更有效。

學習爭取時間

讓我們看看另一個抵抗驅離的例子。在巴西擔任永續發展顧問時，我獲悉原住民瓜拉尼卡尤瓦族一再被驅離他們世居的土地。幾年後，當我在劍橋大學進行研究，了解全球數個雜牌軍組織使用的變通方案時，我恍然大悟，瓜拉尼卡尤瓦就一直使用這樣的權變措施：給巴西政府最後通牒，既爭取時間，又喚醒世人注意他們的困境。然後我回到家鄉跟社運人士、專家、原住民領袖和政府代表對談，深入了解他們是如何抵抗壓迫。

瓜拉尼卡尤瓦族對抗強制驅離的歷史悠久。昔日因地界未正式畫定，有農民買下他們的領土，引發多場法律與實質的戰鬥。對這案例深感興趣，我向一個在馬托格羅索州擔任巴西政府律師的朋友請益。她開門見山地告訴我：「身爲律師，我有時得爲自己不怎麼同意的例子辯護。」將一個瓜拉尼卡尤瓦社區驅離現居地的協商案就是這樣的例子。向部落領導人通知法院支持驅離時，她試著淡化衝擊，告訴他政府願意撥給部落另外一片更肥沃的土地做爲補償。部落領導人幽幽地說：「如果我給你更好的母親，妳願意換嗎？」

這位律師馬上了解，瓜拉尼卡尤瓦和他們土地的關係就像母子。在他們的宇宙觀中，他們必須生活和埋葬在祖傳的土地。在他們的語言特可哈（Tekoha）語中，「土地」一詞也代表「我可以生存的地方」。對他們來說，在自己土地以外的生活毫不可行，也無從想像。[29]

二〇一二年，一個名爲特可哈佩里托奎（Tekoha Pyelito Kue/Mbrakay）的瓜拉尼卡尤瓦社區得知地方法院支持農民主張土地所有權，將強制驅離該社區。這群瓜拉尼卡尤瓦族人一反平常的做法——發動公開對抗或離開土地，抱持回來的希望——改而向巴西政府提出驚人的訴求。

在一封用葡萄牙文寫成、張貼在臉書上的公開信中[30]，該社區請求：「我們想求死，並葬在這塊祖傳的土地，也是我們今天所在的土地。我們請求政府和聯邦司法部不要頒布驅離令，而是下令讓我們集體死在這裡，葬在這裡。我們請求下令讓我們集體滅絕，一勞永逸。派出挖土機挖一個大洞，把我們的屍體扔進去、埋起來……我們已經下定決心，活著也好，死了也好，我們永遠不會離開這裡。」

這封信把驅離轉變成種族文化滅絕。一般民眾原本渾然不知有這個部落存在，不知他們蒙受苦難，但經由這次轉折，這群原住民吸引了民眾的目光。這封信在主流媒體公布，成千上萬人上街頭或社群媒體抗議，數百封信件及請願書湧入政府。驅離行動暫緩執行，截至二〇二一年，這個社區的原住民仍住在他們的土地上，只是未來仍懸而未決。

二〇一二年起，其他同樣面臨驅離的原住民社區也用了類似的策略。因爲現今大眾更清楚違反人權的情事和那個地區的土地緊張，他們正向政府施加愈來愈大的壓力，要求爲瓜拉尼卡尤瓦族人標定地界。這個變通方案能否換來未來數十年的安寧仍是未知數，到今天爲止，上訴法院仍未做出裁決，但透過將事件訴諸輿論，瓜拉尼卡尤瓦族人擊退了迫在眉睫的驅離。

從惡性到良性

社運人士和社會運動也像瓜拉尼卡尤瓦族人，常使用驚人的顚覆性手段來吸引民眾注意被忽視的議題。可惜，這類變通措施常以失敗收場。印度的博帕爾事件二十週年當天就發生過這樣的例子。這起發生於一九八四年的事件是史上最嚴重的工業災難之一，印度聯合碳化物旗下一家工廠洩漏的有毒物質導致五十多萬民眾受害、三千多人死亡。該公司於二〇〇一年被陶氏化學收購，改爲子公司營運。二〇〇四年，即二十週年紀念當日，社運人士雅克·瑟文（Jacques Servin）冒充陶氏發言人「朱德·菲尼斯特拉」（Jude Finisterra）上了BBC世界新聞的現場節目。他聲稱該公司會爲這起災害負責，計畫支付一百二十億美元賠償受害者及恢復博帕爾的環境。這招立刻造成衝擊：在法蘭克福，陶氏化學的股價在二十三分鐘內暴跌四%，使該公司市值縮水二十億美元。但BBC旋即於節目更正並致歉，陶氏的股價也立刻反彈，該公司幾乎毫髮無傷。[31]瑟文和其他社運人士未能善用鎂光燈打在身上的時刻，結果，他們的變通方案對陶氏或受創者無法造成長久的實質影響。

這種噱頭固然可能喚起注意和立即的支持，但是通常難以引發永久性的變革，除非社運人士改弦易轍。在這裡，我們可以向傳說中的波斯王妃雪赫拉莎德學習[32]，她運用了一連串變通方案，改變了丈夫山魯亞爾王要她承受、看似無法扭轉的命運。

故事是這樣的：山魯亞爾王發現第一任妻子對他不忠，因此認定所有女性都會背叛他。處決那名妻子之後，國王決定每天娶一名新的處女，隔天早上便將她斬首，這樣她就沒有機會紅杏出牆。王國民眾氣憤君主殘害他們的女兒，卻改變不了他的想法。

然後國王娶了雪赫拉莎德。她擁有說故事的天賦，可讓聽眾神魂顛倒、脫離現實——哪怕只有片刻。一進寢宮，雪赫拉莎德便問國王能否向自己親愛的妹妹訣別。事前兩人已經說好，要請雪赫拉莎德講個故事給她聽。國王醒著，心醉神迷地聽雪赫拉莎德講故事講到天亮，這時她在一個精采的節骨眼停住了。

難掩心中好奇，國王延後了她的處決：他堅持要把剩下的故事聽完！那一晚，她運用令人著迷的說故事本領繞過了王者不可搖撼的權威。第二天晚上，雪赫拉莎德說完前一晚故事，開始講新的——再次在破曉時分、高潮迭起時戛然而止。她連續一千零一個晚上重複使用同樣的變通方案，每次都順利延後一天斬首。在雪赫拉莎德說完一千個故事，表示已經沒有故事可講時，國王早已愛上她，決定饒她一命，而那時，她已經爲他生下三個孩子了。

憑藉間接抵抗的方式，雪赫拉莎德翻轉了權力等式。她的變通方案能夠重新塑造情境，正是因爲她沒有迎面頂撞國王的權威。她沒有公然違抗，而是一天一天延長生命，爭取時間讓國王沉醉到無可自拔，緩慢而穩定地扭轉自己的命運。

雪赫拉莎德教給我們的是：要運用「迂迴側進」變通法爲關鍵的改變爭取時間，但一定要設法做出更大的變革。產生一時的衝擊，或是短暫干擾某個自我強化的行爲固然不錯，但如果之後沒有其他事情發生，這些收穫都可能化爲泡影。雪赫拉莎德如果未能將她小小的勝利轉化爲更重要的事物，腦袋或許已經不保：她的故事不只替自己爭取到時間；那些故事也教給國王彌足珍貴的課題，當然，最終也擄獲了他的心。

★「迂迴側進」變通法何時派得上用場？

「迂迴側進」並未積極解決系統性的挑戰，而是干擾自我強化的行爲，爭取動員、協商和研擬替代方案的時間，以及一面緩和迫在眉睫的問題，同時蓄積轉換方向的動力。

自我強化的行爲，比如印度的隨地便溺，是出了名的難以制止，不論對情境式的干預（提供更多廁所）或對抗性的措施（罰款和當眾羞辱）都不會起反應。牆壁的主人透過訴諸便溺者的宗教虔誠、用仔細嵌入的神像來讓尿液「改道」。這些膝蓋高度的圖像完全遏止了隨地便溺嗎？沒有，虔誠信徒很可能找得到沒有神像的牆。但這類洋溢宗教風情的干預頗有助益，已有其他領域的創新人士注意到而採用類似的提醒來改善餐廳衛生和勸阻亂丟垃圾。

同樣的，光靠保持社交距離也無法終止疫情，但它能保住人命，爭取研發疫苗和藥物的時間。藉由延緩不可避免的情況，「迂迴側進」變通法也允許你以自己的方式因應挑戰。延後評估作業，或俟時機成熟再將構想公諸於世，可能是創新能否成功的關鍵。沒有諸如此類的變通方案，我們可能永遠無緣見到阿斯匹靈之類的偉大成就。

另一種「迂迴側進」變通法是用一個問題來處理另一個問題，就像蘭加斯瓦米透過建造賤民和非賤民必須同住的住宅來間接挑戰種姓歧視。處理這些盤根錯節的現實爭議需要適應能力，也需要願意接受暫時性的權宜之計，能緩和但無法完全解決問題的措施。

亞穆納河兩岸的可拆卸學校，以及瓜拉尼卡尤瓦族賦予驅離通知新的意義，雖然手段截然相反，卻同樣睿智地應用這種邏輯：前者接受彈性，後者放棄彈性，但兩者都在各自的情勢下努力讓處境稍微好過一點。

虛構的雪赫拉莎德堪稱「迂迴側進」變通法的教母，她示範了這種變通思維的所有特質：她教導我們，關鍵的改變源於有效地累積和利用微小的暫時性干預。就像雪赫拉莎德，你也可以夜以繼日、層層堆疊變通方案，難以察覺但決定性地扭轉乍看下無可避免的進程。不過，請注意她的故事的關鍵課題：如果你沒有明智地運用時間，光靠延後評估或決定是不夠的。藉由一次挑戰一點現況，

「迂迴側進」變通法不見得能實現釜底抽薪的變革，但可能有助於創造條件來釋放新的可能性。

4 退而求其次

我不知道弄丟了幾個在機場購買、索價昂貴的萬用轉接頭。我不是那種會核對清單的人，也常把大家每天遇到的事情視爲理所當然，比如電源插座的規格。所以我常忘記帶變壓器。沒帶變壓器，出國旅行就是無電可用，無能爲力。

根據美國商務部國際貿易管理局的資料，世界各地使用的電源插座／插頭共有十五種規格。它們全都能達到供電目的，不是嗎？那爲什麼我們不能有全球單一規格呢？

二十世紀時，電子裝置的崛起促使各製造商發展自己的插頭和插座。在缺乏政府統籌下，有些製造商贏得市場認同，而隨著他們的設計雄霸一方，他們的插頭和插座最終成爲預設值。各國插座與插頭種類多樣一開始不是什麼大問題，但隨著社會全球化，民眾開始赴更多國家旅行，電子裝置也變得更容易攜帶。於是，欠缺全球統一規格成了麻煩。

國際電工委員會（以下簡稱IEC）自一九三〇年代初期開始倡導全球統一規格。有些政府正式採用單一（或少數）標準化設計。二次世界大戰和後續的經濟衰退使IEC的努力停擺到一九五〇年代。根據IEC的說法：「當時，各國大部分的基礎建設才到位，用自己的規格才有既得利益可言。」[1]

對於像我這種老是忘記帶萬用轉接頭的人而言，普世一致的插頭或許值得嚮往。但這該是公眾要務嗎——若是，又該由誰負擔轉換所需基礎建設的成本呢？要採用全球統一規格，各國必須無視地緣政治緊張、政治意識形態，以及預算規模和輕重緩急的差異，同意單一設計。不妨想像一下，更換基礎設施在政治上有多不討喜——尤其在中低所得國家，變更家用插頭、插座和連接器更是找麻煩。

協商並實行國際標準是理想但不切實際的解決方案，而萬用轉接頭雖不完美，卻是立即可行的替代途徑。像萬用轉接頭這樣的「退而求其次」變通法，可以發揮補丁的效用。與其追求不大可能實現的大規模結構性變革——它需要太多目標、能力不一的當事人協調合作——這種變通法讓我們可以運用手邊可得的資源獲取自己想要的東西。

何謂「退而求其次」變通法？

在我們心有餘而力不足，無法改變所處情境的限制時，「退而求其次」變通法或許能完成任務且不致引發軒然大波。當風險太高、結構性變革難以落實、儉約而不完美的途徑看來最爲可行，這樣的解決方案尤其有利。「退而求其次」變通法著眼於改變資源用途或重新結合資源：舉凡最高科技到最基本的資源都不例外。個中關鍵在於：注意唾手可得但易遭忽視的替代做法，以及與眾不同、非傳統的資源用途或組合。

有時這些變通方案看來像單獨一塊補丁，讓我們可以更快達成目標。在其他情境，「退而求其次」讓我們得以在主流邊緣探究替代方案，或是開創會促成長期變革的先例。這一章要帶領你探索企業家、律師、公司、非營利組織、社會運動和無政府「極客」群體的故事，他們全都在不同的環境、基於不同的理由，運用不同的資源和途徑，追求次佳變通方案。

退而求其次——可是要快

千萬別低估補丁的力量，尤其是在時間短促、資訊有限、需要趕緊做決定的例子，比方說，全球疫情爆發。當世界知道新冠肺炎正席捲而來，我讀到推特一則作者不詳的推文串說：「市場看不見的手沒有使用乾洗手。」事態隨即明朗：供應商無法及時因應乾洗手、醫院呼吸器、口罩等產品迅速增加的需求。而這些物資短缺有可能使我們深陷危機。

我們不能指望製造這些必需品的公司能滿足激增的需求。就算是年營業額超過三百二十億美元的美商巨擘 3M，在二〇二〇年三月也只能將 N95 口罩產量增加一倍。[2]擴充產能不是區區小事，這需要時間：它需要新的或更大的場地、額外的機器、來自世界不同地點的額外原料，以及更多技術性員工。這場危機創造了「新的常態」，而我們沒有做足準備。這種高風險、資源匱乏、時間緊迫的情境，可能成爲「退而求其次」變通法的實驗室。在高度複雜的環境，我們必須謀求把各種地方分權、支離破碎的回應拼湊起來，而非寄望單一解決方案。

各國政府和世界衛生組織之類的國際組織開始要求非醫療保健業的製造商，以及有執照的藥師，甚至醫師，協助運用身邊可得的資源製造民眾迫切需要的乾洗手液。工程公司還被要求調度生產線來製造呼吸器，我們也都見到，從社群媒體網紅到親朋好友，大家都在拿舊衣物和塑膠瓶製作口罩和面罩。

就連精品業也有一家大名鼎鼎的公司在需要時尋求次佳變通方案。二〇二〇年三月，法國實施封城，總統馬克宏宣布全國和新冠肺炎「開戰」。在法國政府下令要求全國各行各業協助塡補醫療供應缺口七十二小時後，酩悅．軒尼詩—路易威登集團（以下簡稱LVMH）旗下有七十多家公司、坐擁眾多精品品牌，從迪奧香水、LV手提包到酩悅香檳，它的董事長兼執行長、億萬富豪貝爾納．阿爾諾整頓資源、動用人脈，開始生產乾洗手液。不到一星期，LVMH就生產、供應了十二公噸的乾洗手液給巴黎三十九家醫院，之後更擴充產能，供應給全國各地其他醫院。[3]

這種變通方案之所以可行，是因爲工廠設備可以改變用途。化妝品業是製藥業的表親，有時會使用類似的原料和機器。LVMH是如此龐大的集團，相較於其他精品公司，對供應鏈有較大的管控權，原料庫存也比較多。乾洗手液的主要成分有三：純水、乙醇、甘油，而這些本來就是LVMH用來製造香水、液體皀和保濕乳霜的原料。後兩者在黏稠度方面更與乾洗手凝膠相仿，因此LVMH可以運用它的標準機器，甚至自己的塑膠瓶。迪奧工廠裡原本蒸餾香氛用的金屬槽，改用來混合原料，塡充皀瓶的機器則改用來包裝凝膠。[4]

在其他任何時候，LVMH都沒有道理製造乾洗手液：這是該集團製造過最不奢華、最不優雅、最廉價的產品。然而，該公司進行這個變通方案並非爲了營利；LVMH免費配銷乾洗手液。這次行動賦予該公司良心、公益的定位，扭轉了該公司鎖定高端消費區塊的菁英、奢侈的形象。

平凡資源的不凡用途

「退而求其次」變通法可能相當笨拙：它固然發揮得了作用，但不完美，也不長久。從LVMH這個全球最大、最精品導向的公司之一，我們注意到這種變通方案在高風險情境的價值。

不過，我是透過和世界各地獨行俠及雜牌軍的交流，認識到這個過程通常需要在平凡中尋找不凡。這些組織常在日常活動中發揮創意和巧思，賦予手邊資源新的用途或新的組合。

用次佳方案養育孩子

提奧．羅查（Tião Rocha）是巴西人類學家和社會企業家，他驕傲地對我說，他是教育家，不是老師：「我們的學校是在教課，不是在教育……它們還是白人的、基督徒的、有選擇性的、墨守成規的！」羅查不反對學校，但他認爲學校太死板、太重教條，對於情境式創意教學一無所知。他還說正因採取一體適用的策略，學校發揮的教育潛力不到一〇％：「如果學校的尺寸是M，但男孩穿L，他們會要他砍下一隻手。」

但你可以想像嗎？巴西可是有超過四千萬名學童，若要改變國家的完整學校體系，他會面臨什麼樣的結構限制？

羅查創立了CPCD：過去三十年迴避了學校體系的非營利組織。該組織的教學方法挑戰了學校的基本假設：沒有教室、沒有事先決定的主題或題材、沒有教師。它建立於日常活動之上，也運用大眾文化來發展教學方法。

羅查說：「一般學校有嚴師，森巴學校則有和諧的指揮家。」他指出，教育可以是宜人的、隨處發生的。首先他讓孩子聚集於出乎意料的地方，比方說，芒果樹下。它的基本前提是人人教學相長——所以大家圍圈而坐，沒有人擔任領導角色。在這樣的空間，孩子不再是被動的：他們要提出主題，並發揮創意，爲自己的學習經驗發展方法。[5]

採用非傳統途徑、繞開政府提供的學校教育，CPCD前往巴西教育指標最弱的鄉鎮。羅查的教學法是以他在莫三比克學到的概念為基礎：「要養育一個孩子，需舉全村之力。」[6]每當他抵達一個鄉鎮，都會搜尋在地的潛力，在平凡中尋找不凡。

他前往一個名叫阿拉蘇阿伊的貧窮小鎮，有九六．七％完成八年級學業的孩子，程度並未達到巴西政府設立的標準，其中六〇％更處於「緊急狀態」。[7]他在該鎮創立「教育加護單位」，並請教一位祖母可以如何協助解決鎮上識字率低落的問題。她回答：「噢，孩子，我只是個笨老太婆，沒什麼可以教的。政府才該負責做些什麼。」於是他換了個問題：「妳最擅長做什麼？」

出乎意料的，她告訴他，她的「文字餅乾」——她烤成不同形狀和字母的餅乾——很好吃。在她的幫助下，羅查創造了「餅乾教學法」（Biscuit Pedagogy）：CPCD透過讀食譜代替讀課本來教導孩子閱讀及做基本算術，並用擠花袋代替鉛筆書寫。

憑藉這種「退而求其次」變通法，這個非營利組織並未造就「卓越」，但迅速提升了「緊急狀態」學生的教育水準。

像羅查採取的這種變通方案可能無法解決結構性限制，但確實創造了補丁——既能緩和問題，又能運用手邊可得的資源拓展界限。

你的廢物可能是他人的寶物

在意想不到的有價值事物（例如：餅乾），以及我們拋棄的事物中，都可能找到不凡。工程師托佛．懷特（Topher White）就找到了。他重新賦予廢手機意義來因應全球最艱鉅的環境挑戰之一：非法砍伐。

根據國際刑警組織的資料，目前熱帶雨林的砍伐有五成到九成違法，而砍伐雨林的活動貽禍無窮：它是氣候變遷和喪失生物多樣性的主因，也導致當地人口的人權遭到侵害。[8]不幸的是，雨林大多位於中低所得國家，沒有足夠的人力和技術資源及時監控這些廣袤的地區。況且以全球最大雨林的家園——亞馬遜河流域為例：區域面積達將近五千六百萬甲（相當於七億七千座足球場），且橫跨九個國家。你可以想像，為了防範違法砍伐者，監控如此廣大、跨管轄權又難以觸及地區的難度有多高嗎？

懷特決定規避這些限制。他說，他的變通方案「並非出於哪一種高科技解決方案，只是沿用已經存在的東西」。[9]他是在赴婆羅洲觀光時首次浮現這個構想。他在那裡了解，原來雨林那麼喧鬧：從鳥兒啁啾、猿猴嬉鬧到流水潺潺，雨林充斥著千千萬萬種聲音。警衛和護林員很難聽出伐木在哪裡發生。但如果他能調低自然的音量，凸顯鏈鋸的聲音呢？

他明白在雨林最偏僻的一些地區，離最近的馬路數百公里之處，仍有手機通訊服務，他也知道每年全球都有好幾億人拋棄舊手機。所以他有了這個主意：他賦予舊手機嶄新的用途，在森林裡「聆聽」方圓三公里以內的聲音。這些手機改用太陽能發電，置於保護盒、藏在樹冠中，散布雨林各地、盡可能擴大覆蓋範圍，然後交由人工智慧分析聲音，辨別鏈鋸的噪音和森林的樂章（諸如鳥叫、降雨、樹迎風搖曳等等）。因爲手機連結著網路，一旦「聽到」鏈鋸聲，便會傳送即時警報和伐木的確切位置給護林員和巡邏員，由他們逮捕現行犯。[10]

運用他的次佳變通方案，懷特共同創立了「雨林連結」（Rainforest

Connection）非營利組織，它也迅速擴展至五大洲十個國家。[11]除了直接阻止非法伐木，懷特的次佳變通方案也提供數據倡導對這些地區的進一步保護，拓展對抗砍伐森林的範圍，更向我們證明，世界一些普遍存在的資源，若能重新賦予用途，就可能大幅提高解決複雜難題的機會。

不凡資源的平凡應用

在餅乾、被丟棄手機裡等平凡中尋找不凡，是成就「退而求其次」變通法的一種方式，但反其道而行，也就是在不凡中尋找平凡，也可能創造絕佳的機會，賦予資源新的用途來實行變通方案。

我是在和一位劍橋大學研究員聊天時，第一次想到這個策略。他也是頂尖的電腦駭客。當時我在隔壁系所工作，有時會溜進他的系館偷用一部高檔咖啡機。雖然敝系也提供即溶咖啡，但他系館的咖啡機還可以用iPad選「馥列白」（鮮奶濃縮咖啡）。他告訴我有次午餐想煮顆水煮蛋，可是手邊沒水壺也沒爐子——只有那部複雜的咖啡機。

雖然我們傾向以「完整」的設計功能看待咖啡機的技術，但其實咖啡機結合了多種功能：它既是燒水壺，也是研磨機和奶泡機。於是他忽略了「完整」的技術，只利用他需要的部分：燒水壺，來做他的午餐。

這是非常簡陋的方案，但它繞過了辦公室的限制，也向我們展現，複雜的技術也可能做平凡的應用。從此，我就開始探究主流邊緣的獨行俠是如何巧妙運用技術來尋找替代用途。

無人機救援行動

近年來，無人機送貨的可能性一直是個熱門話題。很多人認為亞馬遜公司會首開先例——從亞馬遜 Prime 訂貨後，一個鐘頭就會收到無人機載來的包裹。知道這件事情的人不多：雖然這項不凡的技術在亞馬遜營運的多數環境尚不可行，但它已經在盧安達用來運送某些高所得國家民眾視爲理所當然的物品。

世界約有三分之一人口無法取得基本醫療供應，包括輸血到疫苗等。[12]它的一大瓶頸是薄弱、甚至根本不存在的基礎交通建設，這妨礙了低所得國家的農村地帶取得迫切需要的用品。

雖然盧安達政府已努力改善該國的交通建設，但到了二〇一五年仍只有約九%的各級道路有鋪設路面。[13]其餘都是崎嶇不平的泥土路，對運送民眾需要的醫療用品更是挑戰。要是有人大出血，他可沒辦法枯坐好幾個小時等血送達。這些醫療用品必須馬上拿到。

處理這些基礎建設的瓶頸無比艱鉅、耗時且成本極高。這需要開闢更好的道路、建立地方分權的機構，例如：醫療用品配銷中心，還要改善管理與物流。就算這些低所得國家擁有財務資源爲醫療機構添得更多更好的用品、隨時保留備品來避免短缺，但保存期限短的珍貴資源往往形成浪費。

矽谷公司 **Zipline** 決定不去對抗這些結構性變革，反倒迴避它：它和盧安達政府合作，首創全球第一項無人機運送服務。服務包含一支自主無人機隊，可迅速將至關重大的醫療用品，從中心機構載運到全國各地。Zipline平均每五分鐘就有一架自動駕駛的無人機在接獲訂單後從配送中心起飛。運送機隊是靠GPS和感應器導航，梭巡於盧安達領空，時速可達一百公里。爲避免降落目的地時發生危險，無人機會瞄準醫院或診所附近預先設定好的地點，用簡單的降落傘投放供應品包裹，讓院所員工前往收取。包裹會用隔熱厚紙箱包裝，適合需要冷藏的用品（如血液和疫苗等）。包裝和降落傘可以丟棄。運用這種系統，醫療員工無須仰賴任何形式的地方基礎建設，就能獲得迫切需要的醫療用品。[14]

透過利用不凡的技術來繞過欠缺基礎建設的事實，Zipline不僅在盧安達爲高尚的目標效力，也創建了將自主無人機的飛行網納入飛航管制的測試基地——這是無人機貨運要普及的一大難關。憑藉著在盧安達工作的經驗，Zipline或許也能爲其他國家拓展機會。該公司在基加利機場和飛航管制中心直接溝通，藉此逐步發展設計與概念，有朝一日，或許就能協助將無人機部署於領空較忙碌的國家，例如：目前仍不可行的美國。[15]

未來已經在這裡了

我們在為不凡的技術尋找平凡的用途時，也是在為集體行動開啓新的契機。一群電腦「極客」就是這樣透過去中心化、分散權力的網路社會運動——他們稱之為「Operação Serenata de Amor」——參與公民社會，研發並運用人工智慧來調查巴西可疑的公共支出。

世人對代議民主的期望是透過選舉實踐公民參與。公民應該將公共事務委託給民選的官員，以及負責運作公共機器的制度。這些電腦「極客」對中央集權深感不信任。他們也知道巴西的調查工作欠缺察覺多數貪污案的人力與技術，使巴西的貪腐成本，根據聖保羅州產業聯合會的說法，可能已達到國內生產毛額的二・三％。[16]

這群極客繞過了巴西的調查機構。他們明白自己可以發展人工智慧來鑽研開放資料、識別出可疑的公共支出。二〇一六年，他們創造出名叫「蘿西」的開源人工智慧機器人，它會運用演算法自動讀取國會議員的請款單據。在此過程中，他們也建立了公民和公務員之間的某種開放參與。

這個機器人的名字反映這個團體想讓人工智慧的不凡潛力更平易近人。「蘿西」，借用美國動畫《傑森一家》那位負責家務的機器人女傭。正如加拿大裔美國科幻作家、公認首創「賽博龐克」次類型的威廉．吉布森（William Gibson）指出：「未來已經在這裡了——只是尚未平均分布罷了。」[17]這群巴西社運人士知道人工智慧就是人類的未來，而且已經到來，所以他們想要讓它的用途更平凡、更平均分布。

拓展可能性的時刻已經成熟。透過開放圖書館和開源技術，編碼已更加普及。另外，做爲公共資訊透明多邊倡議的一部分，巴西政府自二〇一一年已要求所有公共機構開放資料。公共資訊已可自由存取、使用和分享。該團體也透過社會編碼平台 GitHub 召募五百多位志工參與，聯手發展並精進蘿西的演算法。其他不具備技術知識者也透過社群網路加入運動，把消息傳播出去。

社運人士從調查「國會活動限額」著手，這是供國會議員每月例行開支的可請款零用金。政府沒有能力核實所有單據，因爲數量實在太過龐大：一小批公務員每個月會拿到兩萬份開支報告，而確認的過程需要密集勞力。有了人工智慧，該團體得以將過程自動化，避開了公共行政方面的資源限制。他們的演算法計算了每一筆支出違規的可能性，交由公務員核定，再向負責採取法律行動的政府機構舉報。

動用「蘿西」大約六個月後，演算法識別出八千多件有違規可能的開支，其中六二九件——當時五一三位國會議員，有二一六位違規——被舉報至負責的機構。蘿西識別出許多貪污的源頭，包括虛報費用、空殼公司請款，以及不符規定的商品服務開支，包括一些荒謬的事由，比如用公帑在電影院買爆米花。

一位負責稽核政府開支的公務員表示，這項運動「在一星期內揭露的可疑請款比權責政府機關一年還多」。除了帶來立竿見影的影響力，該團體也拓展了可能性。因為演算法是完全的開源，任何人都可以仰賴它做其他用途，比如調查其他國家、甚至公司的弊案。

累積「退而求其次」的力量

「退而求其次」變通法常以主流做法的替代方案之姿出現，並受到歡迎。我們常認爲，顚覆是迅速改變一切的重拳，但其實顚覆通常來自一連串逐漸挑戰現況、讓新的可能更顯眼、更唾手可得的變通方案。讓我們看看密碼學這個充斥次佳變通方案的領域發生了什麼事。在後文，你會見到層層疊疊的變通方案如何促成我們在網內外通訊方式和使用貨幣上的徹底變革。

比特幣的誕生

你可能記得高中歷史課教過英國數學家及電腦科學家艾倫．圖靈對終止二次世界大戰的卓越貢獻：他破解了德軍傳送加密訊息使用的「恩尼格瑪」密碼機。能夠譯解納粹軍隊的密碼正是戰爭的轉捩點，這讓同盟國得以攔截通訊，採取預防措施。

記得這件事，你可以想像後來在冷戰期間，美國和蘇聯又發展了什麼樣的技術——打什麼樣的機密戰嗎？

從一九五〇年代開始，美國國家安全局就在力保國家編碼的機密性，並致力破解敵人的編碼。這個國家，主要透過國安局，以某種形式壟斷了密碼學。但隨著任意行動的電腦「極客」開始在政府之外進行嚴肅的密碼工作，這樣的獨占也消失無蹤。電腦「極客」一面努力反抗新崛起的監控國家，一面拓展可用密碼學拓展的範圍，以及可投入密碼學的人士。[18]

這群電腦「極客」並未違反規定；因爲並沒有正式的規定阻止他們研究密碼學。但政府和一般民眾確實投以懷疑的眼光。

到了一九七〇年代，密碼學家蓬勃發展且迴避了國安局的獨占，以個體戶之姿或在麻省理工學院和史丹佛之類的大學運作。惠特菲爾德．迪菲（Whitfield Diffie）和馬丁．赫爾曼（Martin Hellman）（分別是研究程式設計師和史丹佛大學年輕電機工程學教授）在一九七六年論文〈密碼學的新方向〉中描述「公開金鑰」時，堪稱是轉捩點。[19]他們的研究在當時極具爭議性；一名國安局員工甚至警告出版商，迪菲和赫爾曼可能會鋃鐺入獄。

但既然這兩名作者沒有違法，只是規避法規，也就沒有被控任何罪行。將近四十年後，迪菲和赫爾曼獲美國計算機協會頒發常被喻為「電腦界諾貝爾獎」的圖靈獎，表彰他們將密碼學帶出機密諜報活動的範疇，促成眾多後續發展。史丹佛電腦科學及電機工程學教授丹・博內（Dan Boneh）說：「沒有他們的貢獻，網際網路就不可能是今天這個樣貌。」[20]

以往，使用者的隱私仰賴系統管理員，而系統管理員很容易把資訊轉賣出去，或受到政府傳喚。迪菲和赫爾曼希望通訊內容能為收受者存取，但得到保護，不會被未獲授權者存取或使用，而「公開金鑰」就能發揮這種作用：唯有傳送者握有收受者的公開金鑰，而收受者輸入兩人共有的「私密金鑰」時，訊息才能解密。

這項發展席捲「極客」圈。這種變通方案賦予訊息隱私，也開啓了後續形形色色的變通方案。不過，風險很高：一方面是隱私；一方面是國家安全。話雖如此，政府只有含蓄地威脅獨立密碼學家，因為這些變通方案並未違反任何法律；

密碼學家優雅地迂迴處理被允許的事。何況，在冷戰期間，國安局最關切的還是國際的威脅。

在美國境內威脅因公開金鑰密碼學而驟升，國安局開始關注諸如孌童者和幫派分子間的私密通訊之際，一切早就一發不可收拾了。

隨著密碼學逐步發展，這些拓展隱私權限的人開始追求網路上的完全匿名。他們希望網上互動不會留下任何對話、信用歷史或電話費帳單的痕跡——而在各種次佳方案逐一累積後，這些目標也慢慢獲得實現。這在當時格外重要是因爲隨著線上交易急遽成長，人們留下愈來愈多網路痕跡。利害關係人只要循著這些足跡前進，就能拼湊出身分、問題、喜好、信念和行爲。密碼學變通方案提供新的方法，讓線上交易不再那麼有跡可循。

隨著這種隱私權和自主權觀念在一九九〇年代初期蔚爲風行，加上資訊和通訊技術日新月異，極客們開始以前所未見的全新方式，透過協作者雜七雜八的網路動員起來，在上頭以各種新奇的方式組合資源，繞過妨礙密碼學傳播的障礙。[21]

你也許已經知道這個故事要往哪裡去。過去五十到七十年來，釋放密碼學力量的間接行動大多不咄咄逼人；也就是說，他們並未與當權者發生衝突。他們大多沒有侵犯法律。規避政府持續追求隱私與自主權的「次佳」變通方案，他們逐步拓展可能的範圍。

藉此，他們也為史上電腦極客所進行最為人熟知的替代方案奠定基礎：二〇〇八年崛起的比特幣。

這種加密貨幣，以及它仰賴的區塊鏈技術，是在二〇〇八年金融風暴後創造，當時，對於金融機構的不信任和厭惡燃至沸點。經歷畢生最嚴重的危機，極客們見到民眾負債，政府卻對他們相信該為風暴負責的大型金融業者提供紓困。而這些獲得各種公共支持的企業，正是掌控一個中央集權系統、管理你我擁有的錢、信用評等、錢的流向等等所有金融交易的公司。極客們知道過去很多人嘗試對抗這些大型金融公司，都沒有成功，而且這些公司的復原力似乎始終都很強，就算陷入混亂也能迅速重振。

透過發明加密貨幣，他們找到繞過金融體系中央集權結構的途徑，提供抹去會員身分、讓交易不會留下痕跡的替代方案。

中本聰——一個掩飾某位人士或某群人眞實身分（迄今仍未知）的假名，登記了bitcoin.org網域名稱，又發表一篇探討「點對點」電子貨幣系統的論文，解釋了該系統的組成與需要元素。

二〇〇九年初，該網路正式設立，讓每個人都能透過以彩券爲基礎的系統「開採」數位貨幣，並且以數位無痕的方式交易比特幣。中本也開採數位貨幣的「創世區塊」，名爲「Block 0」，同時分享一篇關於政府紓困銀行的文章，想必是要呼籲追隨者將比特幣視爲反抗金融體系的方式。[22]

這個構想大有可爲——時機也恰到好處——使比特幣迅速起飛。早期支持者紛紛致力於它的發展。加密龐克運動成員哈爾·芬尼（Hal Finney）很早就發現中本的訴求，主動開採第一個貨幣區塊。大約一年後，一些零售業者開始接受比特幣，之後又有更多業者加入。[23]加密貨幣的成長十分驚人：二〇一〇年五月，第一筆用比特幣買賣實物的交易出現：佛羅里達一名男子付了一萬比特幣買了兩片約翰老爹的披薩。[24]二〇二一年我最後一次查詢時，一萬比特幣的價值已超過四億七千萬美元。

中本沒有迎頭硬碰金融業的中央集權規定，而是選擇繞過去。這種策略在金融危機後特別管用：這個變通方案證明，如果你無法改變金融體系的「遊戲規則」，在邊緣仍有很多事情可做。加密貨幣（以及更廣義的區塊鏈）在主流權力體系的邊緣拓展了可能。

不論好壞，加密貨幣系統爲許多人開啓了發揮創意繞過問題的空間。不論你是需要存放現金的毒販、想要逃稅的有錢人，或是想從國外匯錢回家而不想付誆人手續費的遊子，都可以利用加密貨幣迴避執法和主流金融組織。

從邊緣到主流

「退而求其次」變通法常與主流規則和實務並行。在一些例子，一如密碼學的應用，變通方案和主流措施之間的差異已愈漸模糊。不過並非所有變通方案都與主流平行。有些會劇烈打亂現狀，創下涓滴成流，進而改變整個系統的先例。

這就是大法官露絲·貝德·金斯堡（Ruth Bader Ginsburg）在擔任律師時首開先河的顯赫案例之一。

惡名昭彰金斯堡

露絲·貝德·金斯堡因爲對法律產生莫大的影響、捍衛民權，以及在最高法院向保守傾斜時抱持鏗鏘有力的異議，成爲美國海內外流行文化的偶像。但在擔任法官之前，她曾是優秀的學者和女權訴訟律師。

露絲到達女權法律的路徑曲曲折折。雖然她的學歷無懈可擊（她是第一位獲《哈佛法律評論》和《哥倫比亞法律評論》刊登論文的女性，也在哥倫比亞大學一九五九年班並列第一名），紐約卻沒有法律事務所願意聘用她。露絲說：「我是猶太人、女人，還是個母親。第一點使人蹙左邊眉頭；第二點皺起右邊；第三點讓我毫無疑問，不被錄用。」

多少有點不甘願的，她在羅格斯大學法學院找到工作，並在那裡逐步培養性別平權的專業，說得更明確些，是女權法律的專業。[25]她受訪時常引用知名廢奴人士及平權倡導者莎拉．格利姆克（Sarah Grimke）在一八三七年所說的話：「我不要求偏袒我的性別……我只是要求男性同胞把他們的腳從我的脖子移開。」[26]引用這句話不僅反映她的學術立場，也闡明了自己在一個男性主宰的專業領域中，身爲女性的親身體驗。

一九六〇年代，露絲開始鑽研女性主義文學。她讀了女性主義經典著作，觀念也逐漸受到瑞典女性主義啓發——它主張男性和女性必須分攤教養責任，共同分享工作的負擔和報償。在羅格斯大學學生請求開設一門女性與法律的課程時，她在一個月內讀完聯邦對女權的所有判例，以及許多州法院的判決。據她的說法：「這也不是什麼了不起的壯舉，因爲案例根本少得可憐。」[27]

她很清楚當時的法律制度不公平，但也明白，對抗性別歧視會無比艱辛：性別不平等已深植法律和當權者的信仰體系——當權者，不用說，當然是男人。當決定如何詮釋法律的人，也是從中得利的人，你要怎麼推翻性別歧視？美國最高法院全由男性組成，司法體系裡的主導敘事，更是屢屢擺出施恩於女性的姿態。

露絲知道當權者不光是害怕失去特權；他們是眞心相信自己是在保護女人。換句話說，他們認爲女性才是坐擁特權的人，只享福利不盡責任。因此從他們的角度來看，歧視女性是無可非議且具正當性的。

改變的時機已然成熟。在羅格斯，露絲開始抨擊歧視女性的案例。比方說，她在諾拉．賽門（Nora Simon）案協助一位過去的學生：她生了孩子，雖然已將孩子給人收養，仍無法重新入伍。這類小案件幫助像賽門這樣的女性重返部隊，但金斯堡也知道，這些並未撼動法律整體。

隨著她第一個名聞遐邇的案件問世，美國的情況有了改變：這是個極具巧思的「退而求其次」變通法。金斯堡說，她的丈夫馬提是一名稅務律師，碰巧遇上查爾斯．莫里茲（Charles Moritz）的案子，就帶給她看。她立刻念了他一頓，說她對稅務案件不感興趣。但當她發現原來這是一起歧視男人的案件時，她就明白，《莫里茲案》可以顚覆整個性別歧視的法律制度。

爲什麼這個變通方案如此大有可爲？如果可以證明制度上的性別歧視對男人不利——不會被施予恩惠、不會被視爲「時時坐享其成」的脆弱個體，那她也可以為女性建立判例。[28]

莫里茲是單身漢，從事的出版工作不時需要出差。他替自己扶養的八十九歲母親找了看護，但他付給看護的酬勞卻不准拿來扣抵所得稅——就只因為他單身。這是性別歧視的案例，因為同樣情況的單身女性就享有減稅權利。哥倫比亞法學教授蘇珊・高伯格（Suzanne Goldberg）解釋此例為何堪稱當年美國法律制度性別歧視的典型：「這條稅法希望造福必須照顧受扶養人的民眾，但沒有想到男性也可能面臨這種情況。」[29]

金斯堡夫婦聯手研究這個案例，並赴聯邦第十巡迴上訴法院力陳己見，而此案在一九七二年十一月做出裁決。[30]馬提是稅法專家，露絲則擅長性別法律。他們說服莫里茲上訴、致力建立判例，就算政府提出和解，但露絲在說服美國公民自由聯盟執行長「她已靈機一動想出絕頂巧妙的法子來檢驗違憲的性別歧視」之後，也取得該組織的支持。[31]

在《莫里茲訴國稅局局長案》中，金斯堡夫婦的整體策略是迂迴的。他們繞過各種限制、避免直接對抗，否則會和全男性法院的假設和歧視心態發生衝突。

他們著眼於莫里茲這個特例：在法院眼中風險相當低的案例（照顧費用最多扣除六百美元），而非反對美國法律範圍更廣闊、傷害女性最嚴重的性別歧視。[32]

反方陣營的代表是總檢察長：露絲就讀哈佛法學院時的院長厄文·葛利斯沃（Erwin Griswold），他採取好鬥的戰略。他的訴訟團隊主張，《莫里茲案》會為「美國家庭」的將來大開惡例；支持莫里茲的判決會讓數百條以性別為基礎的法規失去穩固的法律立足點，危害國家的社會結構。他們目的在激發全男性法院的恐懼和隱藏的偏見，比如主張這個案例可能導致孩子從學校回來見不到媽媽，以及女性湧入就業市場將壓低全國工資。[33]

這種變通方案在對抗咄咄逼人的對手時格外有效。以金斯堡為原型的法律劇《法律女王》[34]描述美國公民自由聯盟執行長梅爾文·伍爾夫（Melvin Wulf）在模擬審判時建議露絲淡化她對女權的熱情：「聽著，妳得讓這個案例成為一個男人的特例，否則必敗無疑。因為對法官來說，妳不是在說抽象概念的女性，妳是在說他們在家烤牛腩的妻子。」馬提則強調迂迴戰術。他告訴露絲，就算聽到令她感覺強烈的問題，「妳也該迴避。女性可以當消防員嗎？尊敬的庭上，我沒有想過這件事，因為我的客戶不是消防員。或者妳可以拉回正題：庭上，這個案件不是消防員的案件，這是稅務員的案件，而納稅這件事本身無關男性氣概。或者開個玩笑：庭上，凡是養過孩子的人，都不會被房子失火嚇到的。然後回到妳的案子。」

他們在法庭上就是這樣演出。加州大學聖芭芭拉分校教授珍・雪倫・德哈特（Jane Sherron De Hart）說，在莫里茲的審判庭，露絲「試著教育大家，沒有對抗，不露情緒，而是試著讓法官了解，**男性**未能獲得女性在類似情境可以獲得的福利，是不公平的」。金斯堡夫婦獲得勝訴。丹佛的第十巡迴上訴法院無異議推翻稅務法院的判決。上訴法院判定那條稅法「構成引人反感、因性別而異的歧視」，因此違憲。[35]

推翻性別歧視的制度

透過從男人權益受損的立場，金斯堡夫婦提出主張，順利建立兩性差別待遇違憲的歷史先例。藉由採用這個變通方案，露絲也琢磨、分享了她的基本論據。一九七一年春天，她寄了封短信給美國公民自由聯盟，列出她在幾個月前為《莫里茲案》發展的幾個主要論點，當時美國公民自由聯盟的律師艾倫·德爾（Allen Derr）正加足馬力準備《瑞德訴瑞德案》[36]——這將上最高法院辯論。莎莉·瑞德（Sally Reed）的兒子過世，她卻不被准許管理兒子的遺產，因為她是女人。這個案件，露絲稱為「莫里茲的雙胞胎兄弟」，是第一個最高法院依據州法歧視女性而予以推翻的案例。[37]

一九七二年，這兩個捍衛男性和女性的案件為露絲日後諸多成就首開先例。有意思的是，在《莫里茲案》中，主張美國家庭會因此陷入危機的反方，讓性別平權律師及運動人士往後的日子輕鬆不少。厄文·葛利斯沃將第十巡迴法院的裁決上訴到最高法院，主張《莫里茲案》的結果使數不清的聯邦法令「籠罩違憲的陰霾」。為支持他的論點，他提出名為「附錄E」的清單（據說是從國防部電腦取得），它洋洋灑灑列出八百七十六款提到性別的美國法條。[38]

葛利斯沃做的正是敗給變通策略的對手常做的事：大發雷霆，不明白這樣衝動行事反而對自己不利。葛利斯沃的團隊突然給了露絲和有志一同的律師、政治人物和社運人士某種藍圖，讓他們可引以爲據，將性別歧視一一拉出美國司法體系。

這個策略不需要再像之前那麼迂迴了（包括教育法官、避開引出他們隱藏的偏見）。露絲在審判一年後所寫的文章中，有一節的標題是〈法官的表現從糟糕到惡劣〉，它反映了策略的改變。[39]性別平權律師、政治和社運人物，現在可以更直接了。有了《莫里茲案》《瑞德案》的先例，以及手邊的藍圖，律師們可以逐一聲討「附錄E」所列的八百七十六條法令，既施壓國會改革法律，也質疑法院表現性別歧視的判決。

露絲爲我們示範了，在規避障礙之際，我們要先就可能的方向著手，而那個「退而求其次」的變通方案或許會更長久地改變社會認爲可行、可接受和值得嚮往的事情。

★「退而求其次」變通法何時派得上用場？

「退而求其次」變通法可以是迅速解決問題的獨立修正案，但有時也可以為結構性變革鋪路。這種方案需要運用手邊可得而非理想的法子，例如：萬用轉接頭或ＬＶＭＨ製造的乾洗手液。「餅乾教學法」和「雨林連結」也都證明，只要你願意以嶄新的眼光看待平凡，餅乾或準備扔棄的舊手機等手邊的事物，也可以產生全新的用途。

有時次佳變通方案要將系統拆成元件，像是用高級咖啡機煮水煮蛋；有時則涉及高科技的干預措施，像是運用無人機在意想不到的地點送貨。在所有例子中，「退而求其次」都代表繞過複雜狀況，追求一個眼前的目標。偵測巴西可疑公共支出的機器人蘿西，以及密碼技術的發展都證實，看似微不足道、與主流平行運作的干預措施，也可能造成巨大的衝擊。露絲．貝德．金斯堡進行性別歧視訴訟的方式也展現了次佳變通法可以如何首開先河，進而引發連鎖效應，促成更持久的變革。

「退而求其次」變通法展現所有變通思維中一種特別的面向：它們在多數明顯的解決方案已經失敗或不可能執行時最爲亮眼。運用有限的資源，雜牌軍組織和獨行俠教導我們，最好的前行之道往往是不要執著於理想，而是要注意唾手可得但常視而不見的機會。我們多數時候都有可以支配的資源，只是那些資源存在的方式常被自己忽略，或挑戰我們的思維。雜牌軍組織會重新想像資源、賦予新的用途，然後從不尋常的應用中獲益。如果你曾給過寶寶新玩具，看他們玩包裝紙玩得不亦樂乎而沒玩禮物，你就知道結果或許會跟自己料想的不同，但仍讓寶寶開心得不得了。

「退而求其次」變通法未必能以一換一完全取代「完美」的解決方案，也就是較直接的途徑；它們的重點在從旁繞過障礙，在可能之處著手。有時這些過渡時期的創意補丁所冒出的小小閃光，最終會照亮全新的可能性和路徑，引領我們突破看似無法逾越的難關。

PART 2

活用
變通思維

變通思維聰明、出乎意料、儉約又有效。在〈PART 2〉，我們首先要將〈PART 1〉的故事化為行動——讓你展開行動。我們會從較概念性的想法蜿蜒來到一些基本、務實的元素，思忖你可以如何秉持變通的態度、培養探索變通思維的正確心性，如何在不同的環境構思變通之道，以及你的組織可以怎麼更親近變通思維。

首先，我們要批判性地思索「叛逆」的價值，擴大聚焦範圍，想想變通思維可以怎麼讓自己有效又優雅地背離形形色色的慣例，從明文規定到未言明的規範。既然「不順從」本身不足以助我們應付挑戰，那就來深入探討「叛逆」，了解可以怎麼藉此重新建構對資訊、資源、機會，以及對我們自己的看法。我們會探究變通的心性會怎麼促使你願意馬上著手實驗、獲得有功效的失敗、再接再厲，而非只是一直進行井然有序的評估或確立應急計畫。

接下來要想想怎麼應用你在〈PART 1〉學到的四種變通思維，堆積積木來發想變通之道。此外，也要討論如何讓你腦力激盪想出的新概念付諸實行。最後，我們要思索制定變通方案所伴隨的挑戰和機會，同時檢視各種對於策略、文化、領導力和工作關係的建議。

5 變通的態度

家母是精神分析師。在我青少年時期，有很多朋友都是直接頂撞來違反爸媽的規定。我當然也試過，但好像一點用也沒有。她只需要揚起眉毛，就能提醒我誰是老大。然後我發現最好的挑釁方式是套用精神分析的行話，這些行話是她在很多書裡畫重點的術語和詞彙。例如：我把自己爲非作歹歸因於「潛意識的顯現」或「死亡本能」。她措手不及，不是哈哈大笑、回幾句玩笑，就是認眞而詳盡地解釋我是怎麼誤用術語。無論如何，這個策略順利分散她懲罰我的注意力。

這個世界充斥著離經叛道的人。有些人被禁足或入獄，有些人逃過一劫，未因此受罰。在〈PART 1〉，我帶你瀏覽了後者的故事。我描述叛逆人士如何成功迴避阻撓他們的障礙。雖然某些案例的做法可能位於道德灰色地帶，卻迅速又務實地解決了各種疑難雜症。

不過，讀〈PART 1〉的時候，你可能對某些變通範例感受到道德衝突。我們為什麼要建議大家刻意繞過規則呢？為什麼要讓繞過規則成為基本法則呢？

因為循規蹈矩、對違規者妄加評斷，是人之常情，所以很多人認定，世界必須執行更嚴謹的秩序、對叛逆的人施以更多懲戒。我卻認為，我們還不夠叛逆。

在這一章，我會介紹五種刺激思考、驅使你叛逆再叛逆的動機。你會學到順從不見得可取、我們常未察覺哪些規定阻礙了自己、哪些規定只是行使權力的手段、責怪叛逆者往往弊大於利，以及叛逆和不服從不一樣，叛逆比不服從更能促進變革。最後，我會整理多種叛逆方法，並解釋變通思維可以怎麼讓你優雅又有效地叛逆。

順從未必可取

我們從小就被灌輸的思想是：順從一定比較好，而社會起碼需要一些權威、命令式的規定來約束我們傷害他人的傾向。但我們爲什麼會認爲順從是避免傷害的最佳途徑呢？

社會契約

讓我們從精神分析之父佛洛伊德說起。在著作《文明與缺憾》中，佛洛伊德詳述人類天生具有傷害他人的傾向：「人類不是溫和的動物，溫和的動物想要被愛……對人類來說，鄰居不僅是潛在的幫助者或性對象，還會誘使他們滿足對他的攻擊性、剝削他的工作能力而不給予報酬、未經同意在性方面利用他、奪取他的財產、羞辱他、帶給他痛苦、折磨他、殺害他。」然後佛洛伊德明知故問：「誰，敢不顧自己的人生體驗和過往事件經驗，對此論點提出質疑？」[1]

據佛洛伊德的說法，人毫無疑問都有一種傾向，那就是：依照自己有害的本能行事。而他不是第一個，也不是唯一這麼想的人。拉丁古諺說：「人在另一人的心目中和狼一樣。」這種普遍的假想，對湯瑪斯．霍布斯和盧梭等道德和政治哲學家所說的「社會契約」賦予正當性：要在社會生存，確保社會幸福安康，我們必須爲國家犧牲個人自由，必須給予國家制定和執行規則的權力。[2]

聽起來很合理，不是嗎？我們都很熟悉，必須守法，不守法就會受罰的觀念。我們也認定，若無懲戒，你我就會活在野蠻的無政府狀態。問題在於，社會契約讓我們相信，順從絕對是可取的：我們無條件的服從是人類化過程的一部分，它會抑制我們的野蠻、使我們脫離有害的本能。

我們有時確實會依動物本能行事，但我們憑什麼認定野蠻會凌駕自己其他所有生物本能和不良行爲呢？

萬一規則不公平呢？

只拿我們有害的本能和野性動物的本能相較，隱瞞的眞相恐怕比透露的還多。我們有時或許會憑動物本能行動，但一如綿羊，我們人類也喜歡成爲群體一員的安適；一如獅子，母獅挑起雄獅兩倍的重擔，既要打獵，也要照顧幼獅；一如蜜蜂，需要數千工蜂支持女王的產卵活動。

看待順從與叛逆，更好的方式是拿我們和機器比較。順從的意思是別人說什麼、我們就做什麼，或是照事先安排好的去做；這表示我們沒有針對自己的選項做過批判性的評估，或是根據推論行事。只要改變類比，我們就可以了解叛逆才更人性化，才能使自己卓然出眾。

史上對人類造成最大的傷害都是人類遵循規範系統所致——這也正是我們必須改變社會契約的理由。我們很容易不假思索就聽令行事，包括造成最嚴重傷害的命令。想想奴隸制度就好——昔日把人據爲己有、剝奪他人最基本人權的合法權利。要從蒐集其他故事說明過去稀鬆平常、現今我們覺得駭人的行爲，不是什麼難事——如果你做過批判性思考，在我們這個時代也不遑多讓。這樣的情節一再重複，比我們想像的多。主角和背景可能改變，但一個不變的核心主題是：毫不懷疑地遵從不公平的規範，會造成傷害。

順從的危險

納粹大屠殺倖存者漢娜・鄂蘭（Hannah Arendt）是二十世紀影響力數一數二的政治理論家。一九六一年她爲《紐約客》報導阿道夫・艾希曼（Adolf Eichmann）在耶路撒冷的審判。[3]後來她以此爲基礎出版了《平凡的邪惡：艾希曼耶路撒冷大審紀實》一書，令人大開眼界地記錄了順從的危險。[4]

艾希曼在阿根廷被捕，被指控組織及協助猶太人在集中營的大規模監禁和滅絕。報導審判時，鄂蘭主張艾希曼並非病態惡魔，而是個性溫和、盲目遵守規定的官僚。引用她的話，他「非常平凡，平凡至極」：他的罪是順從使然，而非嗜殺成性。[5]鄂蘭創造了著名的「banality of evil」（平凡的邪惡）一詞，用來形容就連最窮凶惡極的罪行也可能成爲慣例，被遵守規定的人毫無義憤地執行。[6]

我們指責艾希曼，就是因爲他沒有能力對納粹的規範進行批判性思考和違抗它。但如果我們也和艾希曼一樣習於遵守成規，在同樣的情況下，我們是不是也會做出類似的舉動呢？

驚人的結果

受到鄂蘭報導艾希曼審判所啓發，美國社會心理學家史丹利．米爾格蘭（Stanley Milgram）在一九六〇年代任職於耶魯大學期間，進行了知名的米爾格蘭實驗。他發現，人都有遵守規則的傾向，就算這麼做會傷害其他人。他設計了一場角色扮演實驗，測試自願者願意聽從與電擊他人有關的命令到何種地步。參與者要聽從某權威人士的指令逐漸增加電擊的電壓。結果令人驚訝：六五％的自願者徹底服從，施予最高四百五十伏特、有可能使人喪命的電擊；三五％的參與者部分服從，持續增加到三百伏特爲止。[7]

這項研究和其他多項研究證實，我們基本上都很聽話，甚至連電擊他人這樣的命令都會聽從，而這在事後來看，其實不用說都知道不電擊別人才合乎道德。米爾格蘭的實驗證實我們有多願意服從權威，也證明「惡魔」與我們其他人其實沒太大不同。

與此類似的，你可曾聽過或說過：「我只是在做自己的工作」或「我只是遵守規定」來合理化自己明知不公平的行爲呢？問題在於，當盲目接受權威當局強加的命令或紀律時，我們會忽略規定不見得公平的事實。換句話說，遵守規定本來就不是什麼正面之事，違抗規則也並非本來就是負面的。

我們沒察覺到規定的阻礙

會聽話，不見得是因爲我們選擇聽話，而是因爲規定使我們麻痺。規定是有特定用途的。規定爲我們省下認知的負擔，不必每遇到一種情境就得推理和思考。規定幫助我們不必思考太多就知道如何因應。規定創造了可預測性和熟悉感，正因如此，我們通常不會注意到規定會怎麼塑造自己的思考和行爲模式。

明文規定與潛規則

規則包括官方命令，也包含像模子一般鑄造我們習慣思維和行動的慣例。[8]就像速限，我們常被提醒政府執行的正式、權威規定。但權威的規定不一定是法規，也不一定是國家制訂。很多爸媽不讓青少年子女穿耳洞；教會要求婚前不能有性關係；如果用非常不正統的方法蒐集和分析資料，學術期刊的編輯不會讓我發表研究。有些規範或許未經公開承認，有些可能是心照不宣。不管是否正式立爲典章，我們都很清楚這類規定，因爲權威者不斷提醒我們有它們存在，也一直在執行。

相較於權威的規定，我們的慣例就隱藏著許多難以察覺的社會規範。我們未曾察覺，是因爲正如法國哲學家皮耶・布赫迪厄（Pierre Bourdieu）所言：「這些理所當然的事不言而喻，是因爲它們不言而來。」[9]規範悄悄引導我們進行人際互動。很多時候，順從、遵照規範是好事。但這些規範未必是理想的，而我們接觸得愈多、愈是奉行不悖，就愈不會去思考替代方案。

想想你在酒吧對朋友、職場對同事、家裡對家人、俱樂部對陌生人的言行舉止有何不同。沒有明文規定說你該在酒吧興高采烈、職場頭腦清楚、家裡表現關愛、俱樂部展現熱情。但你多少得這麼做；畢竟，你並不想這麼特立獨行、與眾不同。

情境的線索

社會規範很少普世一致。情境很重要。諾貝爾獎得主、美國經濟學家道格拉斯・諾斯以研究制度變遷舉世聞名，我們可以透過他的運動比喻來思考社會規範如何衝擊你我的生活。運動比賽有規則，這些規則塑造了選手遇到每一種情境的思考和行動。[10]舉例來說，NBA有些成文的官方規則，像是比賽時間多久、兩隊上場球員人數、什麼構成犯規——這些全由權威人士，也就是裁判強制執行。但場上和場外也有其他形成慣例的規範，就算這些規範並未嚴格要求球員遵守，或是交由裁判強制執行。比方說，一九九一年美國東區決賽時，球賽還剩幾秒沒打完，底特律活塞隊的球員就離開球場，為的是不向勝方芝加哥公牛隊祝賀。事隔三十年，這件不尊重運動家精神規範的往事，籃球迷仍記憶猶新。

就像運動賽事，你我也是各種賽場上的選手——視各自的情境而定。雖然多數規則可以歸類為正式與非正式、官方或慣例，但它們常綁在一起出現，形塑我們所見、我們的行為，以及我們對彼此的期望。[11]我們很少主動分析這些塑造行為的規則，因為綁在一起的規則讓我們能很快理解自己的處境。但就算我們未曾注意到，這些規則仍默默塑造我們覺得適合、可接受、可行，甚至值得嚮往的事物。換句話說，規則往往會形成常態，使人不會質疑它們的道德，也不會把違抗視為選項。

規則帶給我們認知的捷徑，也就是心理上的「經驗法則」，它們能幫我們快速做決定，不必停下來思索行動方針。規則減少了決策的認知負擔，不管我們想不想要。[12]因此多數時候，我們並非刻意選擇順從，而這也是叛逆可能讓人自由的原因。叛逆能讓人做批判性思考。你是要依別人的指望去行事，還是開拓自己的道路呢？

規則行使權力

順從可能極為有害，叛逆卻可以解放認知。但我還從法國哲學家米歇爾·傅柯身上學到一個違抗規則的理由。據他的說法，每一段歷史都有它自己的「知識型」（epistemes）：占優勢、通常未言明的知識假設，影響我們對這個世界的理解、我們的價值觀、偏好的方法和秩序感，由此決定何謂可行或可接受。這些假設沒有眞假之分，只有是否可能被認定為科學的分別。這一點很重要，因為這些假設成了強加社會秩序和行使權力的科學論據。

傅柯在著作《瘋癲與文明》中揭露了「瘋癲」這種科學分類如何含括窮人、

病人、遊民和十八世紀法國社會許多被邊緣化的成員，並讓他們背負污名與遭到排斥。「瘋癲」——不符合當權階級的道德、意識形態或生產利益的人——逐漸成爲「異類」「無可救藥之徒」。這個類別包括桀驁不馴的學生、鬆懈或反抗老闆的員工、慣犯、娼妓和賭徒等等。尋常的訓練機構（學校、工廠、教會等等）並未順利使他們與眾人一致。

傅柯說，經由聲稱「科學中立」，現代醫學對精神失常的治療，隱藏了爲擺脫討厭的人事物所採用的強大社會控制工具。因此，向異類行使權力及懲戒的規則，科學知識會賦予其正當性。[13]

傅柯的高見乍聽下也許抽象，所以讓我們看看一個史例。一九五八年，艾爾康州立大學（位於密西西比州傑克森市）的小克倫農・金恩（Clennon King Jr）教授在申請密西西比大學研究所後被強制送進一家精神病院：法官判定一個黑人一定是「精神失常」才會相信自己可獲准進入該所大學就讀。金恩持續不懈地爲民權奮鬥，包括參選美國總統，爲他贏得「黑人唐吉訶德」的封號。[14]金恩不僅被強加於他的知識假設歸類爲「異類」，他勇於違抗假設之舉（也就是挑戰這些排斥他的規則）也遭到嘲弄。

這些不是個案；「異類的瘋癲」遠比大多數人想像的還普遍。例如：說女人「發瘋」或「歇斯底里」形同輕視她們的挫折和歧見，要她們閉嘴，加以羞辱。根據社會公認的知識假設將異類邊緣化，是強加秩序與控制常見卻不易察覺的方式。在任何社會情境下，「異類化」都能提升當權者的地位，使他們能收割利益、站上道德制高點，假借「科學中立」之名證明這種權力失衡是正當的。

這不代表世界沒有「瘋癲」的人。傅柯提出的問題不是某項科學觀察是眞是假，而是諸如此類的知識假設既來自當權者，也成爲權力的泉源。它們固然有助於我們分門別類，以及在世上建立秩序，但也創造並鞏固了反映既有特權身分與不平等的社會階級。[15]這種模式讓得到信任且掌控權威的人得以將假設轉化爲讓他們比其他群體更有利的規則，有時更是透過掠奪其他群體來使自己受益。

要讓他人失去挑戰權力結構的正當性，「瘋癲」不是唯一有用的標籤。你也許聽過新自由主義經濟學者：他們崇尚自由市場資本主義，也一天到晚提到經濟自由化政策，包括解除管制和撙節政府支出。他們捍衛「市場法則」是成長、繁榮的不二法門：那隻「看不見的手」管制了市場，使我們受惠。他們說，政府干預只會傷害社會福祉。

可是一旦像「市場法則」這樣的假設被視為不證自明之理，我們可能會忘了問自己：這些法則是為了什麼而存在？誰能從中獲利？

因為根據這些經濟學者和盛行的社會修辭，市場是無所不知，會自己矯正，所以干預被視為不具正當性，甚至有害。然而，如果我們對他們所言信以為真，就不會留意權力是怎麼透過這種「科學法則」行使了。請稍微想一下：在這個最富有的二十六個人擁有的財富相當於最貧窮三十八億人口財產總和的世界[16]，把自由放任的經濟政策視為無可避免，到底對誰有利？

就算我們想挑戰科學法則，也會苦無違抗的機會。因為那些霸權團體的價值觀和利益，都偽裝成科學中立的事實，我們一旦有異議，就會得到指教。比方說，如果你想提出所得不平等與日俱增的證據質疑撙節經濟政策，一定有人會拿「市場法則」支配「經濟運作」的論點來訓誡你。

當假設成為法則，權力就悄然但有效地行使了。被「異類化」的人徒留無力感和無奈。這就是爲什麼拆解知識假設、揭露遭到遮掩的價値觀和利害關係如此重要。唯有如此，我們才能對抗這些剝奪民權之舉，積極參與違抗不公不義的行動。

怪罪叛逆者弊多於利

既然已經明白規則是造福當權者的制度，不見得是保障你我安全的眞理，我們是否還要責怪那些決定不聽話的叛逆者呢？

規訓與懲罰

在討論**應該**做什麼之前，讓我們先回顧自己**已經**做了什麼——再次藉由傅柯的幫助。他在《規訓與懲罰》書中探討了監獄是如何成爲最常見的社會控制機構。監獄系統在啓蒙運動（也發生在帶給我們社會契約的同一時期）之後大受歡迎，當時，監禁被視爲替代公然嚴刑拷打和處決的改良版方案。在維持秩序和保障社會福祉方面，監禁被認爲是更人道的做法。

傅柯認爲，監禁不只是強加秩序和規訓的較溫和做法，也比較有效。在中世紀，懲罰的目標是讓有意作奸犯科的人心生恐懼，並展現統治者至高無上的權威。問題在於，統治者有時會遭遇反彈，囚犯因而可能成爲英雄或烈士，這時統治者和處決者就可能被視爲壞蛋。統治者可以用監禁代替公開處決來規避這個風險，因爲大家不會認爲監獄是故意的殘忍行爲。我們不必看囚犯在公共廣場哭泣、流血、求饒，只要把他們鎖進大家看不到的地方就好。他們被迫進入「非人化」的漸進過程，無法脫身。

傅柯指出，「監禁」懲戒法的成效卓著，因此已拓展到其他社會領域，例如：醫院、學校、工廠。現今，不斷重複的技能、動作、計時、速度和監視對我們施加的約束遠比蠻力來得多：學生必須學會在教室裡循規蹈矩、工人必須服從經理人、病人必須遵照醫師指示。換句話說，我們被告知該做什麼、一直受到監控，也持續不斷地屈服於專業權威的戒律。

此外，如果事情出錯，也不能指責與怪罪任何人。這就是監獄可以這麼有效地行使規訓權力的原因：我們會將犯罪歸咎於個人，但無法因為行使懲罰而怪罪個人。[17]誰該為誤判、冤獄負責呢？我們可能會指控法官、警察、目擊者、律師、受害者、鑑識方法，甚至總統。但除非是由統治者下令處決，不然我們無法指著哪一個人說他該為冤獄負責。

這裡就是我們標準不一之處。大多數人在道德上會同意，如果發生誤判，我們不能只怪罪法官。那麼，我們憑什麼認為會有某種直截了當的解釋或方法，將犯罪完全怪罪於個人呢？如果我們了解犯罪是複雜的問題，那也該明白，這不能光用一個人違法亂紀來解釋。

邊緣化

正如我們可能不再認為順從是唯一的選項，我也不認為社會弊病的成因一定在個人。我們常怪罪個人違反法律，卻沒發現他們或許遵從著另一套規則，它雖未正式立法，卻也規定了在他們遭遇的特定情境中，哪些事情是可接受、值得嚮往和可行的。

我們很容易認爲罪犯就是威脅社會生活、違反社會契約的叛逆之徒。畢竟，我們都看過描述精神變態的鉅片，《沉默的羔羊》裡的漢尼拔．萊克特醫師這麼說：「我把他的肝拿來配一些蠶豆和一杯很棒的奇揚地酒吃了。」[18]這種類型的電影是如此令人難忘和著迷，使我們未能看到，精神變態在統計上是多麼微不足道。監獄學家和社運人士露絲．威爾遜．吉爾莫教授（Ruth Wilson Gilmore）說，我們實際懲罰叛逆行爲的人不是這些。運用監獄統計學的統計數字，她的著作《黃金勞改營》（*Golden Gulag*）說明監獄並非擠滿那些與眾不同、無法滿足動物本能的人，而是擠滿被拋下不管的人。[19]

在犯罪活動是常態的環境中，違反規定不見得是叛逆。與直覺相反的是，獄中有很多人其實都遵從著某種「遊戲規則」——只是不是刑事司法系統執行的那種規則。黑手黨、幫派和毒販都有行爲準則。比方說，背叛可能比殺人更要不得。很多犯罪組織成員都遵守組織的一套規則，刻意背離國家法律。[20]他們同時順從又背離兩套不同的規定。這就是爲什麼順從、叛逆和道德必須放在一起討論。

將複雜的問題怪罪個人不僅不正確，還會把我們的心力轉移到個人身上，而非一開始引發問題的原因。怪罪個人的效果適得其反，還常引發弊大於利的自我強化習慣。我們愈是怪罪叛逆的個人，就愈容易忽略問題的根本原因。不再指責個人後，我們會見到問題的根本原因存在於各式各樣的規定——正式的、不正式的；官方的、慣例的，它們形塑了我們的思考和行爲模式，也塑造了社會對我們的期望。這就是爲什麼檢視和違抗「遊戲規則」比怪罪選手來得明智。不只比較公平，也更有成效。

不服從不等於叛逆

人有順從的天性，但這不代表我們天眞、要盲目遵守規定。爲了認淸叛逆的輪廓，我們必須了解，不服從並非順從的相反詞。不服從是公然與體制對抗，而體制通常會報復。另一方面，叛逆就比較有技巧了。一如我們在〈PART 1〉討論的許多替代方案，叛逆需要不因循守舊的途徑，運用現狀行得通的部分（有意或無意）來改變行不通的部分。

我聽過一個深受學生喜愛的高中化學老師的事蹟：有一次考試，他允許學生帶一張標準影印紙應試。他告訴學生：「你要在那張A4紙上塞多少內容就塞多少，考試期間可以用。」有些學生忘了這回事，空手而來，但多數學生把握機會，盡可能在紙上寫滿公式。有些學生以爲他們可以用大一點的紙，不會被抓。誰可以用肉眼看出幾公釐的差異啦？但這位老師預料到會有這種不聽話的學生，當場測量每一名學生帶去的紙，把尺寸超過的通通撕毀丟掉。一名學生格外引人注目，因爲她帶了一張完全空白的A4紙應試。她把紙放在地板，請老師在考試期間站在紙上。對她的巧思感到驚異，老師答應了她的請求，然後在考試當中輕聲回答她的問題。我不知道這個故事是不是眞的（我懷疑不是），但它是叛逆——而非不服從——所有特色的完美縮影：專注、好奇、有點厚臉皮。

接下來我們會透過幾個欺騙的例子，更仔細地察看不服從和叛逆之間的差異，爲的是要說服你用更富同情的眼光看待叛逆的態度。

欺騙的代價

你可能記得藍斯・阿姆斯壯是怎麼從天堂墜入凡間的。隨著名聲敗壞、七次環法自由車賽冠軍被剝奪，他還被美國反禁藥組織稱爲「詐欺慣犯」，要爲運動史上最精心策畫的禁藥計畫負責。[21]雖然很多人視他爲害群之馬，但作弊其實沒那麼罕見。一九六四年發表的第一份作弊調查報告了來自九十九所美國大學學生的資料，結果發現，有四分之三的學生曾進行過一次以上的學術欺騙。[22]

但欺騙不是只發生在競賽領先群或教室背地裡。二〇〇五年《自然》期刊一篇研究發現，有三分之一的科學家進行過不誠實的研究手法，包括竄改數據和修改成果來討好贊助機構。很多人都違反方法嚴謹與透明的規定，但只有少數人被逮。[23]就我所知，最令人悲喜交織的是哈佛大學教授、美國演化生物學家馬克・豪瑟（Marc Hauser）的例子。悲的部分是他捏造數據、假造實驗結果和未如實描述研究進行的方式，因而被判罪。[24]喜的部分是在被「抓包」十年後，他用這個題目發表了一篇論文：〈欺騙的代價：恆河獼猴中的騙子會被懲罰〉。[25]

為什麼不服從如此普遍？還有，更重要的是，不服從會在哪些情況下發生？我會回答這些問題，不過請稍候，先讓我們做個思想實驗。

你是騙子嗎？

假設你在大學考重要的期末考，必須和其他成千上萬名學生競爭聲譽卓著的獎學金。你會作弊嗎？

不會？等等喔。要是你聽同學說，教職員不會管作弊呢？畢竟，教授受不了校方懲處作弊的冗長官僚程序，所以不會不計一切代價「抓作弊」。好，現在你知道規定如常，但執行寬鬆，你會不會作弊呢？

還是不會嗎？現在你很快掃視教室一圈，看到自己的競爭對手全都在作弊，因爲他們也知道不會受罰。如果你不作弊，可能會居於劣勢。這會觸發你心裡的騙徒嗎？

突然間，作弊好像變得比較有道德正當性了，對不對？行爲經濟學一項影響深遠的研究說得好：「人們會做出欺騙行爲來得利，卻又要非常誠實地哄騙自己保持正直。」[26]只要不會太引人注目，我們全都有那麼一點不服從。

叛逆大於不服從

這就是爲什麼區別叛逆與不服從如此重要，叛逆是順從的相反，不服從是服從的相反。我們都順從現存的「遊戲規則」：要是違反規則能讓比賽比較公平，感覺起來在道德上也站得住腳。這就是爲什麼當我們因爲調皮搗蛋受到質問時，反應會跟那些強辯的孩子一樣：「媽，可是大家都這樣做啊！」我們以從眾來給自己的不服從找理由。

試著回想你每天調皮搗蛋的言行——要挑出一些你覺得不服從合情合理的情

境並非難事。就我個人而言，我在巴西過馬路，不會每次都等行人號誌變綠燈才過。但在德國，我就感覺到和大家一起等的壓力，因爲沒有人會先過。這兩個例子都表現出我的順從，但在巴西我同時順從又違規。透過這個有細微差異的觀點，我們了解，不服從唯有在跳脫各種情境被視爲尋常或標準的做法時，才會變成叛逆。

所以現在你有兩個重要的理由，該以較同情的眼光看待叛逆。首先，與不服從不同，叛逆具有變革能力。這需要批判性思考、質疑現狀。再者，不服從需要負起違規責任，但叛逆未必懷有敵意的——只要想想〈PART 1〉介紹的許多變通方案就知道，我們確實有可能不從眾又不違規。

好，既然我已經說服你叛逆的態度很重要，現在來看看各種不同的叛逆法，以及比起其他方式，變通思維如何能讓我們更有效、更優雅地叛逆。

叛逆的方法

規則是如此隱伏，如此陰險，儼然成爲我們思想和身分認同的一部分。我們順從是因爲已經對規則麻木。但要是順從不是我們期望的萬靈丹，該怎麼辦？怎樣才能逃離一個唯有當權者得利、導致我們誤判問題，又會在我們不服從時施行懲罰的規則體系呢？

當我們發現自己困在不公平的規則體系時，叛逆提供了一個出口。它讓我們得以應付自己的需求，並試著改變現狀。因爲叛逆者與眾不同，所以很多人以爲叛逆只取決於個人特質。幸好，叛逆不是什麼「你要麼有，要麼沒有」的東西。它是一種後天習得的態度，並非與生俱來的天賦。

我經常認爲叛逆有三種途徑：對抗、協商、變通。每一種策略各有優缺點，但唯有一種是平易近人、可快速獲得報償、並將失敗的後果減至最輕，那就是變通方案。

三種叛逆途徑

爲釋放自己的叛逆潛力，我們必須了解從群眾中脫穎而出的三種途徑；有些我們可能比較容易採用，有些可能會把我們嚇跑。

◎對抗

對抗的途徑需要違反規定，一定會和居主導地位的權力結構發生衝突。

◎協商

我們可以經由長期協商來表現叛逆。在協商期間，參與者可以慢慢組織起來，不斷向當權者施壓，立法推動規則體系的變革。

◎變通

透過變通，我們不必直接對抗執法者就可以立刻把事完成、反抗現狀。

沒有哪一種方法最好，只有最適當的：視你的目標、資源和情況而定。尋求前兩者比尋求變通方案棘手得多，所以讓我們分別拿它們來比較變通做法。

對抗 vs 變通

由於害怕懲罰，我們常不敢公然違反規定。想想金恩博士是如何透過「公民不服從」來對抗霸權統治：他被控違反許多刑法條款，像是擾亂安寧、未經許可遊行、非法侵入、刑事誹謗和陰謀叛亂等等。在通往改變美國歧視法律的路上，這些違反規定的活動都是墊腳石，但要付出代價。他在〈伯明罕獄中書信〉中指出：「要違反不公平的法律，就必須公開、投入情感去做，並心甘情願接受刑罰……我認爲，當良知告訴我們法律並不公正，我們願意主動違反，並接受監禁的刑罰來喚醒大眾對不公正的良知，其實是對法律表現了最高的尊重。」[27]因違反不公平的規定而受罰，會使違反者成爲不公正的實證，或許會激發他人加入志業，追求變革。

並非人人都有金恩博士那種「接受監禁刑罰」的沉著和意志力。我們都知道，一旦違法，就會面臨懲罰，甚至其他報復形式——以金恩博士爲例，他不僅被捕入獄，後來還遭暗殺。對多數人來說，公然違反規定的風險太高了。

變通方案不同於違反規定，它提供低風險的叛逆之道。這效用強大是因爲正如蕾貝卡．龔佩慈（你在〈PART 1〉讀過這位獨行俠的故事）告訴我的：「一旦人們超越對強烈反擊的恐懼，他們實際上能做的事，遠比自己相信的多。」她公然反抗限制墮胎的法律和強勢保守團體的利益。但因爲繞過了規則而未違反，所以不需要爲她的叛逆負法律責任。從她身上，我學到變通方案可能是個契機：我們可以發揮叛逆，又不必面臨那種可能使自己動彈不得的風險。

協商 vs 變通

第二個策略是根據協商與動員，風險相當低。它的主要限制在於，要獲得成功，最後十之八九還是需要來自權力結構內部的支持。不妨想想各種社會運動，儘管不斷施壓要求迫切需要的變革，但如果沒有得到立法委員、法官和企業家等位高權重者的支持，鮮少能造成巨大的影響力。要透過贏得支持、動員群眾、讓參與者同心協力來改變規則，需要時間、資源和接觸當權結構的門路。

就像美國法學家、哈佛法學教授保羅．佛洛因德（Paul Freund）所言：「法院絕對不該受當日天氣影響，但難免會受到時代氛圍影響。」[28]雖然規則（及其詮釋）的轉變可能反映時代氛圍，但如果你覺得今天雨下好大，又不想渾身濕透，可能會轉而想繞過這些規則。

變通方案的優勢

變通方案是我們有辦法獲得、風險較低的叛逆選項，而且有可能創造豐厚的回報。比起協商和對抗，變通方案雖然需要投入的心力更少，價值卻不亞於後兩者。畢竟，享用唾手可得的果實並不可恥。這顆果實可能和樹頂的果實一樣營養，你也不必冒著受傷的風險爬那麼高。

不過，變通的好處不只是花最小的工夫得到夠好的成果。正如我們從那些偏離規則的雜牌軍組織學到的，我們未必得照章行事才能改變規則。

變通方案讓接下來可能發生的事情隨之增加，藉此拓展可能的範圍。這是因為變通思維改變了我們對現狀的詮釋、判斷和回應方式，因此增添了其他有志一同的準叛逆者可以追求的嶄新機會。不妨想想露絲・貝德・金斯堡如何運用變通方案首創有關性別歧視的判例，讓許多律師和社運人士得以援用；龔佩慈怎麼為葡萄牙墮胎法燃起改革的動力，造福擁護墮胎選擇權的草根運動和立法者。這些變通方案不僅立刻解決了時間緊迫的議題，也為長期的結構變革播下種子。

6 變通的心性

在巴西長大的我，接觸天主教儀式和約魯巴習俗的分量差不多。約魯巴是西非最大的族群之一，分布在奈及利亞、貝南、多哥等國，由於跨大西洋奴隸交易的緣故，在巴西、古巴和美國也有舉足輕重的地位，他們至今仍延續其傳統及信仰，而有些天主教徒對此仍不怎麼高興。事實上，有些天主教領袖極端到把埃舒（Eshu）扭曲爲惡魔。埃舒可說是詭計多端的神，在約魯巴的神話中，祂是既模糊又闡明事實的惡作劇之神。[1]

青少年時，我上天主教學校，以對教會權威人物陽奉陰違爲樂，爲反抗而反抗。直到我開始比較嚴肅地思考變通方案的混沌不明與彈性，才眞正開始深思埃舒教給我們的課題。埃舒絕非惡魔，但也不是絕對的善神。祂在約魯巴的神話中有特殊的一席之地，可以使人困惑，也能指點迷津。在這個信仰體系裡，右邊有四〇一種力量，稱爲「歐里沙」（orisha），會保護人類、加持能力。左邊則是有二〇一種力量，稱爲「阿約剛」（ajogun），會帶給人類挑戰和阻礙。身爲人類，你我時常要面對一種顯而易見的二元對立，既束縛我們，又賦予我們力量。但埃舒與其他所有神祇不同，祂既是歐里沙，又是阿約剛之首：祂是唯一能應付這種對立表象的神。透過看似欺騙的計謀，埃舒挑戰了我們認爲理所當然的想法，並協助我們發掘新的觀點、新的可能性。[2]

正因埃舒會帶來這種具有啓發意義的阻撓，約魯巴人視祂爲改變、機會和未知之神。祂使人迷惑是爲了證明我們的問題常難以分析，不該總是輕信看似自然或明顯的事物。要是我們看得太多，可能會變得麻木不仁；要是看得太少，可能會迷失方向，讓事情雪上加霜。[3]

變通策略與埃舒的課題有異曲同工之妙。我最初一看到電腦駭客就想到這位調皮的神，因爲他們常被形容爲詭計多端之徒，照亮了深處的祕密，卻不讓別人看見他們。在深入鑽研數十項變通方案後，我發現兩者的相似處不僅於此。我在〈PART

1〉介紹的案例主人翁，皆未致力於著眼太多事：他們欣然接受複雜。他們的策略乍看下可能令人摸不著頭緒，甚至粗糙拙劣，卻開闢了先前無法察覺的新途徑。

在這一章，我要挑戰一項傳統觀念，那就是：最好的行動方針一定要全盤了解形勢，並移除可見的障礙。我要在這裡探究的三項原則——認識知識的局限、調整鏡片、像局外人一般思考，它們能幫助你擁抱複雜、發掘變通的契機。最後我們會探討變通的心性爲什麼非常適合複雜的情境。

已知、已知的未知和未知

我們的知識可能變成詛咒：它形塑我們的推理、個人發展、我們認同和追求的途徑，以及和他人的交流方式。一旦知道某件事，我們對它就再也不是一無所知——也很難想像不知道這件事是何種情況。[4]但我們至少可以感激自己不是什麼都知道，並努力解構自以爲知道的事。[5]

懷疑的好處

一個約魯巴傳說教導我們，太過仰賴自以爲知道的事情有多危險。它闡述了埃舒如何使我們大惑不解，以及挑戰我們對現實的知識和想法。在這個故事裡，兩名至交正在耕作各自位於道路兩側的農田。埃舒穿著右半邊是黑色、左半邊是紅色的衣裳，輕快地走在那條分隔田產的路。當埃舒消失在路的盡頭，一人問：「你有看到那個穿紅衣服的人嗎？」另一人回答，他看到的人是穿黑衣服，不是紅衣服。兩人的討論愈來愈激烈，吵得不可開交，互相指控對方是騙子。直到埃舒再次出現，兩個朋友才明白彼此都是對的。[6]

這個故事說明不完整的資訊只是挑戰的一環——我們還需要想想，自己會怎麼把故事中不同與片段的環節當成完整的故事來處置。前述兩個朋友都不知道完整的故事，但都以爲自己知道，這也是製造緊張的原因。過分自信會誤導人，而要教導我們這一課，埃舒只需要凸顯「矛盾的確信」：對現實不同（且通常不能並存）的診斷。[7]

每一個故事都有許多片段——有些人可能只憑一個片段就妄下結論；有些人可能會嘗試以不同的方式組合片段。你在〈PART 1〉讀到的變通方案，就是由不執著於自己所知的人所實行。他們沒有固執地貿然做出結論性的答案，而是從懷疑中獲益：他們試著以不同的角度觀察事物，以跳脫傳統的方法進行實驗，並向抱持其他觀點的人士學習。

在動盪的世界做決定

可惜的是，我們在積極努力學習更多的同時，往往會更加鞏固既有老舊的假設。影響各行各業各種規模組織的管理模式，一般都建立在「正式分析有助於組織制定更好決策」的推測上。問題未必出在分析結果是否精確，而是在於那些不被質疑的假設，悄悄引導分析師診斷情勢的方式。

舉例來說，在爲大公司擔任顧問時，我發現研究調查常成爲管理者已經謀畫好的戰鬥彈藥：高層預先決定了戰場、先畫好靶，專家評估只是用來協助他們賦予戰鬥正當性和執行戰鬥而已。拿到外面顧問的報告，高層管理者就會說服公司其他人相信報告，對相關當事人強行灌輸一個主線故事，然後分派角色來實行報告的建議事項。問題出在很多顧問並未質疑客戶的假設。這些顧問只是依據聘用他們的管理者所提供的資訊，證實並擴充已知之事。假如這些顧問明白問題其實更複雜，他們就不會研究得這麼深，反倒會加強研究的廣度。他們會質疑高階管理者認定的事實、價值觀和目標，或許會找出互相牴觸的觀點，或是指出其他可能遭到忽略的戰場。

我擔任跨政府組織的顧問時，情況略有不同。做這項工作的分析師常運用資料來考量一切：相互矛盾的假設、目標，以及組織該由誰領導的觀點。但如果範圍拓得太寬，分析就會變得累贅而毫無幫助。這裡我們不妨接受詩人約翰·濟慈所說的「消極能力」（negative capability）[8]，或爵士樂團希斯兄弟所謂的「強制優先順序」（forced prioritization）[9]：欣賞多種觀點的細微差異，但不要流連太久。想想莎士比亞是怎麼帶入角色而未透露他們的背景，以及怎麼呈現議題而不提供明確的答案或解方。這位劇作家明白世界動盪不安，知道故事永遠不可能

「完整」，因此允許讀者探究不同的角度，想像故事可能有無數種不同的結局。這就是爲什麼《威尼斯商人》裡的角色鮑西亞如此引人入勝：透過別具創造力的解決方案，她出乎觀眾預料，也暗中鼓勵觀眾如法炮製。

讓新奇事物變熟悉，熟悉事物變新奇

那麼，要怎麼質疑自己所知，進而培養變通的心性呢？我的答案很粗略：我們必須擁抱混沌不明。我們必須認清，自己會在沒有全盤了解情況之下做出決定，而且最好仔細考量（和挑戰）自己的假設，別不假思索地依據假設行事。這裡有雙重挑戰：一是將我們「未知的未知」轉變成可加以探究的「已知的未知」。[10]二是拆解我們對已知事物的假設，重新組合自己可能從不認爲能歸在同一類的片段。

要練習拆解和重組我們的知識，可以向人類學家汲取靈感。人類學家常說，他們的目標是「讓新奇事物變熟悉，熟悉事物變新奇」。[11]想想可樂生機的變通方案是怎麼從「為什麼在發展中國家可口可樂似乎唾手可得，救命藥物卻付之闕如？」這個問題萌生出來。低所得國家偏遠地區的人民知道到處都買得到可口可樂，但貝瑞夫婦卻讓這個熟悉的事實變新奇——把汽水這種非生活必需品和看似不相干卻至關重要的藥品連結起來。反過來說，也想想露絲・貝德・金斯堡怎麼讓新奇事物變熟悉——聚焦於一個受性別歧視所害的男性。有些人不相信有性別歧視存在，但經由證明一個男人可能如何蒙受這種歧視之苦，她建立了關鍵的判例。

藉由讓新奇事物變熟悉、熟悉事物變新奇，我們更能在兩種極端的管理策略之間游刃有餘：「憑本能而滅絕」策略（專斷妄為、思慮不周、缺乏充分事實認定與分析）與「靠分析而癱瘓」策略（聚焦過多事情）。[12]如果你可以察覺出知識的缺口，不陷入其中，就能做好更充分的準備來進行創意和橫向思考。

認知的局限

此刻你正在參觀巴黎的羅浮宮。首先，不能免俗的，你停下來看達文西的

《蒙娜麗莎》！第一眼，你驚訝地發現這幅畫很小，且看似平淡無奇，但隨後你不得不注意她的眼睛：她注視你的樣子，令人毛骨悚然。你燃起一股衝動：瞪她一眼，然後往旁邊走，她的眼神居然一直跟著你。

不過這裡人潮擁擠，所以你走向隔壁展間，停下來欣賞法國浪漫主義畫家德拉克羅瓦的《自由引導人民》。這幅畫也太豐富了吧！你先看到旗幟：它好像隨風飄揚；那天風可能很大。舉旗的那位袒胸露背的女性看來極具影響力。她代表自由嗎？她上身赤裸代表什麼呢？然後你看到她身邊其他人：那些屍體、跪在她面前的男人——他是在乞求憐憫，還是對這個女人宣示效忠呢？你觀察到那些持槍的民眾也很奇特。有些穿得像貴族，有些穿得像農人。這是否意味不分社會階級，都值得為自由奮鬥呢？這幅畫有太多微妙的細節，讓你頭昏腦脹。

你離開羅浮宮，前往橘園美術館。你的第一站：莫內的《睡蓮》。當你走近這幅畫，只看到一堆模糊的色塊。退後幾步，你才理解那些圖案和形狀；這就看懂這幅畫了。它的構圖讓人心生平靜，你也會開始深思，距離會改變自己在莫內繪畫裡看到的東西，但是不會改變你在荷蘭版畫藝術家艾雪知名石版畫《相對論》看到的內容。你想起曾在高中數學課研究過這幅畫，覺得它惱人又耐人尋味。兩個男人走同一座樓梯的同一面，朝著同樣方向前進，可是一個似乎在下樓，一個似乎在上樓。你記得自己曾嘗試從不同角度看這幅畫，而且翻轉它會導致不同的詮釋。

在分析一個問題時，本能往往要我們去了解更完整、更精細的全貌，但我們看到**什麼**，取決於**怎麼**看。這與我們觀賞藝術、與藝術互動的方式類似，巧妙運用距離和角度有助於我們重新探究、重新詮釋自己周遭的環境。這有點像拍一張出色的照片，你可以透過調整相機的設定，多試驗幾次取景的內容。

焦點

就攝影而言，相片要好看，你的主題會爲拍照的技術層面提供不同的機會和限制：拍一朵花就跟拍一整片風景截然不同。兩個主題都可能拍出好照片，卻傳達不一樣的資訊。當然，不需要只選擇其中一個，你可以兩個都拍，看哪個比較適合自己的喜好。

如果你從聚焦一朵花著手，可能會發現先前沒注意過的細節和細微差異。或許你會注意到花瓣深紅色的維束管宛如迷宮；也許是密密麻麻的花粉吸引你的目光。你會開始把那朵花分成好幾個組成單位來看，發現許多饒富生趣的面向，是那些把一朵花（更別說一整片風景）視爲整體來觀看的人忽略的面向。在構思變通方案時，把焦點集中在狹小的範圍，或許有助於你發現許多直觀整體時看不見的可能性。這就是「浪尖上的女性」組織使用的策略：不直接對抗一個國家的墮胎禁令，而是著眼於另一個國家的法律，運用海事法的細節來迴避限制。

另一方面，有時縱觀整片風景反而有利。要是你把全部時間花在關注一朵花上，可能不會發現山坡的起伏有多出人意表，或是牧草地的色澤如何隨著天色漸暗而變幻。有時了解整體局面能讓你發揮優勢；這就是搭便車的妙處。要是醫療專家僅聚焦於有特定目標的方式提供單一微量營養素，他們可能會陷入泥淖，苦思不出如何讓特定人口補充鐵之類的營養。他們要怎麼鑑定出目標人群呢？要怎麼分配營養補充品呢？要怎麼確定需要的人眞的能在正確的時機攝取營養？檢視更廣泛的消費模式、將微量營養素添加於不可或缺的食品，已經獲致令人驚嘆的成就，且需要的成本和製造的紛擾都少得多。

曝光

要拍張好照片，除了取景的內容，還需要相機捕捉畫面的方式。讓太少光線通過鏡頭，你的影像就會陰暗到無法辨認，但讓太多光線進入，影像又會曝光過度，同樣毫無用處。照片的曝光程度是由三種要素交互作用決定：ＩＳＯ感光度、光圈和快門速度，而每一種都可以讓我們以不同的方式看待及詮釋問題。只要記得拍照不是只有單一種正確的拍法（就連讓相機維持「自動模式」設定也沒什麼錯！），試驗才是關鍵。但多知道這三種要素各控制什麼，確實能幫助你玩相機，並針對同樣的主體拍出不同的照片。

ＩＳＯ感光度與對光的敏感度，以及相片的飽和度或顆粒感有關，而這能幫助我們思考自己的資源。我們常認定較細膩的畫面比較好，如同我們以為更多——

更專門的資源——一定有助於解決問題。要是我們能更像駭客那樣思考：只動用手邊擁有的素材呢？欣然接受憑藉自己擁有而非想要的東西工作，我們依舊能以次佳的方法著手解決迫切的挑戰。這就是餅乾如何成爲教孩子閱讀和基本算術的要角。

第二要素：光圈，指相機的鏡頭打開多寬，會操縱景深等效果：讓較少光線進入，影像對焦準確，整體會比較清晰；讓較多光線進入則會造成較模糊的背景。同樣的，傳統觀念要我們相信對焦愈準，就愈能理解問題，但情況未必如此。就攝影而言，對焦過頭可能拍出太濃烈而令人不愉快的影像；在解決複雜的挑戰時，這可能導致「靠分析而癱瘓」。如我們在印度隨地便溺的例子所見，有時，政府主導的全面干預未能根絕的行爲，小小的權宜措施（個別牆壁的主人嵌入繪有神明的飾板）反而是可行的嚇阻之道。

快門速度是你的底片接觸光線的時間。如果你設定較快的快門速度，不讓很多光線進入，就能讓動作形成清晰的影像。如果用較慢的快門速度，讓很多光線進來，動作就會呈現得模糊。我們通常認爲，能夠愈直接地掌控和面對問題，就愈能解決問題，但有時「模糊」反而傳達更多資訊。快門速度提醒我們，有些干預要乾淨俐落（就像在個人網路之間匯款來規避銀行手續費），有些則要放眼傳統界線之外（就像建造雙拼住宅讓賤民與非賤民互動）。

巧妙運用設定

就像ISO感光度、光圈和快門速度是拍下照片的要素，重新思考我們的資源、焦點和範圍是凸顯現象不同面向的途徑。改寫法國哲學家吉爾・德勒茲（Gilles Deleuze）和法國精神分析師菲利克斯・瓜達里（Félix Guattari）的話，一塊磚頭可以拿來建造法院大樓，也可以丟破窗戶[13]——環境很重要！透過巧妙運用我們的主題和「設定」，可以凸顯特定情境的不同面向，藉此重新詮釋和重新投入情境。

我鼓勵你像恣意調整數位相機的設定那般活用這些策略：好奇、逗趣與頻繁。數位相機的兩大好處是記憶空間和立即回饋。不要覺得像用底片相機那樣受到二、三十張的限制——拍個幾百張吧。你不必等到沖洗照片就能知道自己對相機的設定是否滿意——看看數位預覽，做相應的調整吧。欣賞和探索「已知的未知」，比執著於我們確實知道的那一丁點事情來得好。

局外人的力量

社會企業家及印度管理學院阿默達巴德分校教授安尼爾．古普塔（Anil Gupta）每六個月會帶頭走一場徒步旅行，路程大約二百五十公里，行經印度缺乏運輸連結的農村地區。個子高、留鬍子、總是一身白的古普塔有著迷人的笑容，是發自內心想知道村民的心聲。他特別欣賞村民中的怪人。這場徒步旅行名爲「Shodhyatra」，梵文的意思是「尋找知識的步行」。探索期間，安尼爾和他的團隊已經發現並記錄了超過十六萬項在地發明的商品和實務，都是有才智的「邊緣人」創造的——而安尼爾堅信，這些人「才智不在邊緣」。[14]

像安尼爾這樣質疑政治、經濟、社會傳統的局外人身上，有特殊、吸引人和強大之處。由於觀察位置不同，他們看事情的角度也與局內人不同。局內人太習慣以特定方式行事了。正如一位駭客所言：「天天面對相同問題的人不會去駭，因為他們有點麻痺了。」

多數專家的認知調溫器都設定成小火悶煮的預期：他們活在時時面對不遠將來的緊張狀態，永遠在預期接下來會發生什麼事。這一方面使他們專注，另一方面卻使他們較難放眼傳統途徑之外。

內行人 vs 外行人

專家的問題在於他們太仰賴自己所知——換句話說，他們已經太過熟悉不同的情境詮釋和行動方式，變得麻木了。內行人的好處是很少覺得意外，但壞處是他們很少覺得驚奇。

反觀剛學習某項新事物的外行人，卻可以從新角度處理舊問題。[15]比方說，當孩子天真爛漫喋喋不休說著好玩與出乎意料的觀察心得，比如「為什麼不能是星期一、星期二、星期六、星期日、星期三、星期四，然後又星期六、星期日？」，他們質疑成年人約定俗成、不容爭辯的慣例，讓大人猝不及防。

門外漢（或是不具專業的人）開始理解新事物的時候，常會笨手笨腳地使用新的工具和概念，有時會以專家覺得驚訝、反直覺、甚至反效果的方式進行結合及重新裝配。外行人的構想或許有時看來荒謬，卻擁有自由，能夠以內行人做不到的方式思考和行動。外行人的新觀點可能證明具有革命性。還記得鮑西亞怎麼智取夏洛克嗎？她絕非專業律師或會計師，但她不必是專家就能打敗那個體系。

另外，外行人與內行人不同的是，他們對遇到的新挑戰和新概念通常不會那麼「捨我其誰」。捨我其誰即「所有權」，而這不只是擁有的資格。套用小說家約翰．史坦貝克（John Steinbeck）的話：「這使它成為我們的東西——生於其上，工作於其上，死於其上。這才叫所有權，而不是一張上面有數字的文件。」[16]行為經濟學家已經證實「所有權」的感覺適用於資產、工具、工作和組織，還有其他我們悉心投入的一切，比如我們的觀點。一旦認為某個想法、甚至某個問題是我們的，就會變得想保護它，難以放手。[17]外行人秉持較少或較弱的保護本能，因此較具彈性。TransferWise的創辦人能成功，正是因爲他們不在正規金融機構裡面工作。門外漢的身分賦予他們創造力、靈活性，以及挑戰現況的能力。

局內的局外人

無論是個人或組織，我們都可以運用不同的策略來培養自己的「局內的局外人」。如果學會看重「通才知識」，便可運用橫向思考爲自己過度專業化的世界帶來更寬廣的經驗。不要過分推崇一些會自動援用既有策略來解決問題的人，我們可以選擇將一個領域的知識應用到其他背景，也能從中獲益。當然，不是每一種方法、每一片段的知識都可以轉換，但當這個策略奏效，發揮的作用說不定能徹底改變現狀。

調查報導記者大衛・艾普斯坦在暢銷書《跨能致勝》中說了好幾個極具說服力的故事，描述羅傑・費德勒（瑞士網球選手）、J・K・羅琳、梵谷和屠呦呦（第一位贏得諾貝爾生理學或醫學獎的中國籍人士，也是第一位獲頒諾貝爾獎的中華人民共和國女性）如何挑戰一句箴言：成功需要趁早進行縮小範圍的專業化。他們都是在模式難以辨識、仍有許多「已知的未知」的複雜環境中，發展出色的通才知識。[18]

另一條途徑是徹底打探。在我們階級分明的社會，有明確的界線劃定我們歸屬與不屬於哪裡。只要質疑這些法律和慣例，就能產生嶄新的觀點，特別是在我們進入「受管制」領域的時候。包括谷歌、臉書、高盛集團、萬事達卡、特斯拉，甚至美國國防部等組織，其實都出資聘請電腦駭客全力闖入組織系統，找出並回報他們發現的弱點；這些常被稱爲「漏洞賞金計畫」。[19]駭客要找出局內人（公司聘用的程式設計師和安全專家）麻痺或忽略的問題。Craigslist 可能不欣賞 Airbnb 早期的行銷策略，但這個事例證實，居於劣勢者可以到禮貌社會禁止他們去的地方打探，有效地開發和利用罩門。

知內情的局外人

公司常努力在利用既有專業和探索需要嶄新眼光的新機會之間求取平衡。[20]組織，特別是規模較大、控管較嚴密的組織，都採用過形形色色的策略來鼓勵新的觀點，仍對局內人的專業抱持希望。在日本，「職務輪調」計畫已非常普遍。這些方案要求員工在同公司裡的不同領域調動。[21]一旦員工在第一個職務，比如業務部，待得太安逸，就會讓他們去行銷部門，然後去營運部、財務部，再回到業務部。這些輪調的員工就成了一種「非激進的局外人」，對公司知之甚詳，卻能促進公司部門之間的相互交流。公司有時會出於類似的理由聘用顧問：在某些情況下，顧問的任務是要探究全職員工忽略的事。

同樣的，公司會致力於聘用歷史上被邊緣化的族群，不只是為了營造公平的環境，也是因為多元的勞動力或許會採用白人順性別異性戀男性未必能想到的觀點。如果你看過電視劇《廣告狂人》，可能了解廣告界是怎麼在聘用更多女性和黑人之後發生轉變。白人男性高階主管不曉得自己不知道某些市場區塊的消費熱望。這部戲提醒我們，太常遭到忽視的生活經驗——以及太常未遭質疑的特權經驗——會深刻衝擊自己的所見所思。

局外人（或是可以採用局外觀點的人）之所以善於提出變通方案，是因為他們明瞭自己不知道的事，也不害怕做出跳脫傳統的建議。想想〈PART 1〉許多在權力結構邊緣運作的雜牌軍組織：他們並非從因襲成規的假設著手。特洛伊民眾認為理應在城牆後面保衛城市，這個策略曾經成效卓著。這或許就是希臘人——名副其實的「外人」——必須採取如此不尋常的軍事行動才能進入該城的原因。這一步棋賭對了，而且兩千年後，「特洛伊木馬」的概念仍是創造力和迂迴戰術的生動示範。

複雜，不是繁雜

要秉持變通的心性唯有一途：質疑你過去的信念，欣然接受矛盾和懷疑。[22]在模糊不明的情境，最佳選項是搜尋或許能啓發新可能性的零碎進展[23]——也尋找我們必須質疑自己所知所聞的事，藉此探究不因循守舊的解決途徑。

電腦駭客能在這類情境發揮長才，是因爲著眼於所謂的「本質複雜性」（essential complexity），也就是他們企圖打敗的那頭怪獸的基本特性。他們試著除去「偶然複雜性」（accidental complexity），意即那些我們常視爲理所當然、卻可能害自己分心不幹正事的偶然挑戰。[24]駭客會盡可能用簡單的方法繞過這些非必要或「偶然」的障礙，這就是爲什麼駭客的策略會以變通方案爲中心。

簡易是好的；變通思維仰賴簡易。可是在和管理者、學生談到我的研究調查，解釋爲什麼簡易往往能在複雜情勢勝出時，卻屢屢遭受懷疑。懷疑者一開始未能注意到的是：複雜（complex）和繁雜（complicated）是不一樣的！複雜的情勢沒有明確的因果關係；它可能是自我強化的行爲所致，也具爭議性，而且複雜所衍生的無數種解釋，也許讓它沒有單一的解決方案。[25]繁雜的方法則是因爲知道太多、試圖對付議題每一層面所致。偏偏，你爲自己的干預增添愈多成分，事情出錯的機率就愈高。套用電腦駭客的說法，繁雜的解決方案增加了許多「偶然複雜性」。

如果我們認定每一個複雜的問題都需要繁雜的解法，就會試圖直接處理障礙，因而無法將「本質複雜性」從「偶然複雜性」中離析出來。世界有些最棘手的挑戰之所以複雜，是因爲挑戰不斷演化與交纏，極力面面俱到的解決者注定功虧一簣。[26]

變通方案之所以適合複雜的情境，是因爲它接受未知和不完美，在處理我們最迫切需要的同時，還探索原本隱而未現、通往更健全替代方案的途徑。我鼓勵你仿效埃舒的做法。當雷神山尚戈（Shango）問這位詭計之神講話爲什麼不直截了當時，埃舒回答：「我從不這樣；我喜歡讓人們思考。」[27]

7 變通的積木

到目前爲止，我已經分享許多變通方案的故事，這些案例要麼受惠於優異的觀察，不然就是在高風險的情境中不得不如此。由於變通方案會偏離標準的問題解決腳本，因此人們常以爲它們是湊巧發現，或是出於少數能人異士的獨創性。其實，人人都可以創造出變通方案，在這一章會介紹方法。我們會探索變通方案構思過程的原理，還有幫助你爲特定情境或特定問題結合「搭便車」「鑽漏洞」「迂迴側進」和「退而求其次」等變通思維。

變通的原理

預設的問題解決途徑會從辨識問題開始，引領我們走上一條從問題走向解答的直線。它倚賴的想法是：清楚標出問題所在，能使你制定出合乎邏輯、循序漸進的程序，包括察覺問題、釐清問題、檢視策略、依策略行事、從結果中汲取教訓。這條路徑不僅直覺，也一再得到管理者和高階人士增援鞏固，畢竟他們多半過度看重熟悉的營運模式。但這無助於想出變通之道。

解決問題的問題

這種預設路徑或許看來令人安心，而且普遍適用，但它實際上是一成不變與停滯不前，走這條路的人或許也未能察覺，有時我們詮釋問題的方式**本身**才是問題。今天很多最艱鉅的挑戰都是千頭萬緒、錯綜複雜。許多問題環環相扣、不停改變，而且看來像一個問題源頭的事，或許正是另一個問題的解答。

我們通常會處理一堆糾結的問題，這反倒會使問題難以、甚至無法釐清。想想氣候變遷、食品安全、不平等之類的問題，它們都以千絲萬縷，甚至互相矛盾的方式糾纏在一起。[1]

我們的問題不是只能以一種方法組合的工整拼圖，因此把它們當成工整拼圖來處理並不合理。此外，變通方案會在混亂中繁生；畢竟，每一個問題，每一個情境，都有多種可能的變通之道。因此別以爲這一章介紹的創意程序，只會造就一種可能的配置！

亂就亂吧

你處理混亂局面時，這個過程不會隨著找出問題而結束，甚至未必需要從找出問題開始。所幸，變通方案不會依照循序漸進的程序，所以你不必先完成一項任務再進行下一項。我反而喜歡把變通思維想成一種需要不斷在人生的「預設選項」與「問題」之間換來換去的心性。

想出變通方案比較像玩樂高積木，而不是拼拼圖：你有很多積木，而挑戰在於蓋出東西。請記得：如果你要用樂高蓋城堡，先找出平面的角落拼片是沒有用的。你的創造力需要積木支撐、允許你一一探索不同組合方式，才能發揮得淋漓盡致。你可以依喜好用很多或很少積木，可以建造任何能想像到的東西。有時你甚至不知道自己想建造什麼，直到開始組合才有靈感。

起點

歷經多年在變通方案上的研究調查，並拿很多學生和研究同事當白老鼠，我發現你可以從兩方面著手。

首先，你可以撇開自己在意的問題的認知，另闢蹊徑。但你不必充分了解或釐清問題，就能試著找到行動的起點。這正是變通方案的妙處：就算是你並未透徹了解的問題也可以應用。透過實驗，以及樂意接受混沌不明和懷疑，你可以慢慢拓展可能的範圍。

再來，你可以從認識不同情況的「預設」反應開始，看看它是如何功虧一簣。我們仰賴太多人生的腳本了，但正如心理學家馬斯洛在一九六六年所說：「我想如果你只有榔頭這種工具，眞的會很想什麼都當做釘子來敲。」[2]只要質疑預設選項，你就會從不同的起點著手，也就是：從你的標準做法切入，而不是從問題本身開始。接下來，這個過程會讓你思考多方面問題，包括之前你可能渾然不覺的議題。

幸好，起點就只是起點罷了。更好的方法是透過更仔細觀察你的知識基礎，同時有條理地修補兩者：問題與預設反應。組合出一個基礎後，你甚至可能忘記自己是從哪裡開始的。

奠定基礎

變通創意過程的基礎在於：認清自己知道與不知道的事。請記得，這是樂高建築的基礎，不是眞正房屋的地基。也就是說：如果你心裡沒有設計規畫，眼前也沒有所有積木，不必擔心。這個步驟只是讓你開始而已。

如果你心中已經有想要對付的難題，確定自己對它的了解並寫下來，只是贏了一半。所以，如果要從找出問題開始，我會建議你仔細思考大致的問題、障礙，以及「問題一開始爲什麼會存在」的各種解釋。如果先開始思考自己在某個情況的預設反應，你就能找出傳統的解決方案和責任方。

最後，次序並不重要，你也不必花很多時間在這項練習上。先有個開頭，之後在你開始腦力激盪四種變通方案時，很可能會重新審視知識的基礎，增添或改變一些積木。

問題

問題可以很單純與明確（例如：我午餐沒辦法吃水煮蛋），也可以是複雜與牽涉多個面向（例如：在非洲撒哈拉沙漠以南，五歲以下孩童的腹瀉死亡率居高不下）。如果你的問題很單純，那很棒——寫下來，繼續前進。如果比較複雜，不妨粗略記下你對問題的了解與不知道之處。然後再往下寫出障礙，以及「問題一開始爲什麼會存在」的解釋。

你對問題的觀察可能出自親身經歷，或是已經有人報導。用咖啡機煮水煮蛋的駭客把問題當成例行公事。貝瑞夫婦不曾研究過預防腹瀉致死的醫學，而是從別人那裡聽說這個問題。

當然，如果你親身經歷過，很可能就非常清楚問題出在哪裡——不過你的經驗也可能蒙蔽自己的雙眼，讓你看不見其他解決方式。如果沒有親身經歷過，你會比較像一張白紙，這讓你對問題所了解的第一手知識比較少，成見也比較少，因爲你沒有「預設」的問題解決方式。

障礙

處理單純的問題時，障礙通常清晰可見。那名駭客午餐想吃水煮蛋時，障礙很明顯：他辦公室裡沒有爐子。當問題比較複雜，你可能會先多做研究，詳盡了解，或是試試預設方案，嘗嘗失敗。貝瑞夫婦深入探查若要止瀉藥在非洲撒哈拉沙漠以南更加普及，會碰上哪些挑戰時，既讀了報導，也和許多人士詳談過，由此得知障礙包括欠缺基礎建設、物流及資金。

在問題複雜難解時，試試預設方案、嘗嘗失敗，也是一種研究障礙的方式。我嬰兒時期有次拉肚子拉到快死了，我爸媽試過多種預設方法來救我，一再碰壁——先是進口藥品出問題，又得知母乳庫罷工——才發現原來障礙這麼多。

請注意，你不必事先明白障礙何在——事實上，一無所悉在這時可能和知之甚詳一樣有幫助，因爲這會讓你體認繼續學習的重要。在約略寫下障礙時，你的清單不必鉅細靡遺；隨著你對問題和預設方案知道得愈多，可能會再遇上那些障礙。

預設方案

我們多半都知道「預設選項」是什麼。煮水煮蛋的預設方法是拿鍋子在爐子煮，要煮多久，取決於你喜歡蛋黃多熟。預設方案感覺起來如此自然，使我們不會對它們想太多——就這樣任它們默默塑造了我們在每一個情境中認定爲適當的事物。

若你從問題著手，你的注意力會自動轉向預設選項——因此在利用咖啡機煮蛋的駭客例子中，他考慮了預設選項，然後就不得不捨棄，因爲它會碰到另一個問題：他不能在辦公室裡煮蛋。

就連在更複雜的情境中，我們也可能在未充分了解問題的情況下聯想到預設方案；畢竟，預設選項眞的很直覺。例如：貝瑞夫婦在了解窮鄉僻壤難以取得止瀉藥物的問題時，不必花太多工夫便得知，國際發展脈絡下的預設方案是透過公部門免費提供療法。隨著對問題了解得更多，他們很快發現有些計畫是以私人機構的配銷爲中心，尤其是鎖定所謂「最後一哩路」（遠離公共醫療機構的偏遠地區）的計畫。

但當問題的架構不同，預設選項也會改變。若不著眼於「難以取得止瀉藥品」，而將焦點擺在「腹瀉致死」，你可能會多加考慮預防措施，例如：輪狀病毒疫苗、乾淨的飲水、環境衛生，而非藥物取得。當我們思考如何處理有諸多面向的問題時，從不同的角度觀察是很正常且有助益的事。

責任方

在我們壁壘分明的世界裡，預設方案常與權責分配形影不離——並清楚界定由誰擔綱領導角色。你的蛋要誰煮？誰要負責運送止瀉藥品到偏遠地區？

這條路線不僅阻止他人扮演積極主動的角色，也使我們難以轉換其他方法來解決問題。當人們多次遭遇同樣類型的問題，且一再運用同樣的預設方案來解決那些問題，他們就會變得麻木、不會去想替代方案。若你來自邊緣，就能以不同的角度尋找替代方案。集中心力於責任方，有時能幫我們反過來思考，在變通方案裡**不要做什麼**。

解釋問題為何會存在

問題爲什麼依然存在？這個問題有助於我們將問題的本質和預設方案、責任方連結起來——在面對較複雜的難題時，尤其適合這樣問。當你試著揭開這條連結時，請避掉籠統的答案，例如：「責任方不夠在乎」。就算事實眞是如此，這種假設也會局限你的思考，還可能引發一種宿命論，覺得我們彷彿全都無能爲力，注定失敗。[3]

幼童無法取得止瀉藥品是世界最持久、最頑固的問題之一，當貝瑞夫婦看到這個問題的時候，他們沒有因爲觀察到那些一般性、宿命論的事實而卻步。沒錯，尙比亞的腹瀉死亡率是芬蘭的七百二十倍。[4]這個差距並不代表民眾沒有試圖解決問題；也不代表嘗試失敗：根據華盛頓大學健康指標和評估研究所的資料，從一九九〇年到二〇一七年，全球五歲以下孩童每年的腹瀉致死率已從一百七十萬例死亡降至五十萬例。[5]

詢問「問題爲什麼依然存在」的益處就在於，這會促使你精進自己看待一些棘手問題系統性本質的方式，讓你不僅明白自己擁有多少知識，也領略自己有多無知。[6]在這個過程中，你可能會發現很多人期望腹瀉致死的問題能靠國際援助和低所得國家的政府解決，而這是一個完美的鉤子，可以連上好幾個「要是……會怎麼樣」的問題。舉例來說，要是藥物可以透過私人組織配送會怎麼樣？要是我們不需要開闢更好的道路就能改善藥物的運送呢？要是公共醫療可以在診所或醫院以外提供呢？這些問題也許會帶你去不同的地方，很有可能會讓你轉換不同角度思考問題和預設選項。

變通方案的四種結構

在組合建構地基的積木後，便是開始改進變通方案的好時機。在腦力激盪變通方案時，你很可能會再次審視自己的知識基礎，這是預料中事。有些人甚至不打地基，直接跳到改進變通方案——這樣也是可以的。

我們很難跳脫線性、循序漸進的問題解決途徑，但叛逆的途徑，也就是適合變通態度的途徑，其精髓就是不要照順序來——「順序」既代表強加於你身上的秩序，也代表別人認爲事情該怎麼做的次序。因此，放輕鬆，看看你的積木（不看也無妨），跟著直覺走吧。

在〈PART 1〉中，你學到四種變通思維，以及世界各地的雜牌軍組織和獨行俠如何運用。但該如何從中選出能爲你的情境創造最好結果的方法呢？

把四種變通思維想像成不同的樂高組合會有幫助，例如：一座城堡、一條橋等等。把那座城堡想像成長髮公主或吸血鬼德古拉的城堡，雖然裡裡外外不盡相同，兩座城堡卻都有天花板、牆壁。四種變通方法與此類似，每一種方法都有一些關鍵特色，知道這些關鍵特色是什麼，就能幫助你選出最合適的方法來組裝符合需要的變通方案。

每一種變通法都有一個主要運作元素。考慮「搭便車」時，請想想當前處境的既有關係。「鑽漏洞」需要仔細觀察好幾套不同的規定。「迂迴側進」需要細察導致慣性的行爲。如果你打算「退而求其次」，請巧妙運用手邊的資源。並非

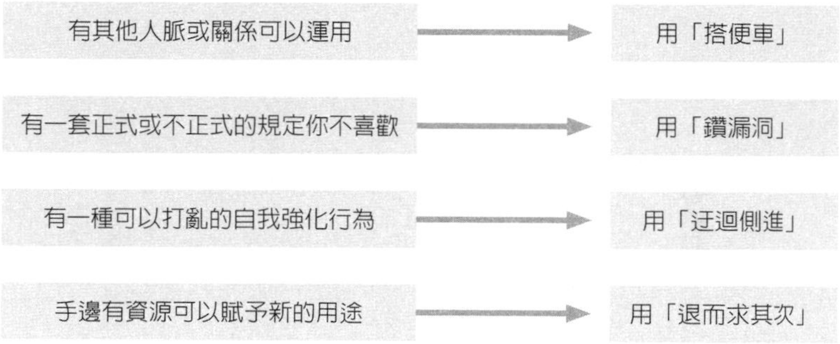
有其他人脈或關係可以運用
用「搭便車」
有一套正式或不正式的規定你不喜歡
用「鑽漏洞」
有一種可以打亂的自我強化行為
用「迂迴側進」
手邊有資源可以賦予新的用途
用「退而求其次」

【圖7-1】

每一種情境都需要使用每一種變通方案，其實，大多數的挑戰最後只需一種變通方案。【圖7-1】並非詳盡無遺，目的只是在你開始找出變通方案時提供一些靈感與指引。

現在我們會探討怎麼腦力激盪出每一種變通方案。問自己幾個簡單的問題，可以幫助你確定（哪些）變通方案與你的情境相關、能否建立在你已經組裝的基礎上，就算只是暫時的。

「搭便車」的腦力激盪

「搭便車」變通法仰賴人際關係，所以你需要想想跟你的挑戰有關，以及環繞挑戰的關係和人脈。

◎給「搭便車」變通法的提示

· 事情還有哪些人參與？
· 還有哪些人脈或網絡？
· 你可以動用既有網絡遞送新的物品嗎？從不同系統可以學到或利用什麼？
· 你可以利用既有網絡來排除原本存在的某個參與者或某條連結嗎？
· 可以透過「你的系統」發揮何種功效來做別的事情？

關係的範圍可能比人與人的互動來得更廣。參與者、連結和網絡可能以多種不同的形式出現。參與者可能指競爭的製片廠，或是沃達豐的高階主管。網絡可能舉凡可口可樂的配銷商到電視廣告規範。

請注意：關係和系統一定會縱橫交錯，而這樣的交錯可以幫助你發揮創意來思考如何利用人際的互動。你是否能運用既有系統運送新的物品，就像可樂生機運送救命藥物，或者排除或取代某個既有的節點，就像 Airbnb 把 Craigslist 的流量轉走那樣呢？

「鑽漏洞」的腦力激盪

「鑽漏洞」變通法是以規則爲基礎——然後開始思考如何避開標準規定，它可能令人卻步，但下面這些提示會有幫助。

◎給「鑽漏洞」變通法的提示

- 現有體制有哪些弱點？
- 某項限制性的規定或障礙適用於哪裡，又不適用於何處？
- 你可以怎麼聽從指令，但不順應規則的精神？
- 有不同的規則可以套用嗎？

・什麼或誰需要通過障礙？
・限制你的規定執行得有多嚴格，或者說，你有沒有辦法讓法律或慣例更窒礙難行？
・你可以怎麼用對自己有利的方式重新詮釋規則？

規則（與規則的限制）是可以用對自己有利的方式重新詮釋的。你能否像《威尼斯商人》裡的鮑西亞那樣讓某項規則不可能執行呢？能否仿效「浪尖上的女性」找出某些限制性法律並不適用的地方呢？如果你有正式和非正式的規則需要迴避，那就已經在思索「鑽漏洞」變通法的路上了。

「迂迴側進」的腦力激盪

也許你注意到，自己的挑戰之所以持續存在，是因爲有某些行爲不斷自我強化、變本加厲，而你不論在個人或社群層次都被這些行爲圍繞。你早上愈常喝咖啡，就愈覺得早上需要咖啡。若是如此，你也許就得運用「迂迴側進」變通法，下列提示有助於你了解這個自我強化的行爲是什麼、爲何會發生、在哪裡發生、可以怎麼延緩或中斷。

◎給「迂迴側進」變通法的提示

- 有任何自我強化、變本加厲的行爲嗎？
- 這種行爲爲什麼會自我強化，與其他需求又有什麼樣的交互作用？
- 你可以怎麼分散注意力，擾亂這種行爲的動能？
- 這種行爲不存在於哪些情況？
- 誰的行爲與眾不同，或者誰是局外人、在哪些情況如此？

現在，開始想想行爲、習慣和需求是怎麼交互作用的。「迂迴側進」可能要善用看似無關的問題，比方說，解決住屋需求如何促成瓦解種性歧視的實質基礎建設。另一方面，你也可以仿效雪赫拉莎德，或學習疫情時代公共衛生官員的榜樣，想出辦法來逐漸脫離或拖延某個你不想要但看似無可避免的結果。

「退而求其次」的腦力激盪

先從問自己能否取得可以運用或改變用途的資源著手。盡量想，能想到多少資源就想多少，從高科技到最基本的都別放過，不過請著眼於「事物」和「完成事情的方式」。

◎給「退而求其次」變通法的提示

- 哪些資源很容易馬上取得？
- 資源可以怎麼賦予新用途或重新詮釋來達成不同的目標？
- 資源可以用哪些非傳統方法重新組合？

・這個問題需要最低技術的解決方案是什麼？
・這個問題需要最高技術的解決方案是什麼？
・你可以運用的技術，除了原始設計的目的，還具備哪些功能呢？

現今的資源範圍相當廣泛，這可能是詛咒，也可能是祝福。一方面，專業化和新技術可能誘使我們走上傳統的路：每一個問題都要以某種爲特定目的而造的工具來對治。另一方面，現在我們有一大堆「玩意兒」，代表當初爲達成某項任務設計的東西，一定可以拿來完成另一項任務——只是你得發揮足夠的創意來辨識出一個物體的第二或替代用途。回想一部高檔咖啡機可以怎麼被拿來煮蛋。這種策略性運用既有資源的方式，是「觀察造就變通方案」的典範。只要明白你可以在哪些情境動用哪些資源，以及（你及他人）和資源互相作用的方式，就可以更自如地思考各種資源可以如何在不同的背景裡運用了。

上路囉！

我超討厭聽到有人口口聲聲說必須打破傳統框架來思考，他自己卻採用那種一體適用的腦力激盪法。不是每一種創意發想的活動都需要便利貼和掛圖。你面前的每一樣東西都可以拿來運用。素描、畫圖、記重點、打開谷歌試算表、在網路上找心智圖軟體、找人討論（或者不和人討論）……就是不要讓欠缺人力或資源成爲限制。

反覆並有創意地運用變通方案的提示，以及你建造基礎的積木來構思變通方案。察覺你的障礙不只一個，且彼此息息相關，認清自己不會、不可能什麼都知道，自在地提出你還沒有答案的問題。正是這樣拓展邊界的自我審問，讓人得以評估及顚覆自己的預設方法。

首先，我們會從一個你可能耳熟能詳的寓言開始，再轉往一個比較複雜的例子。這些腦力激盪的範例證明，任何特定情境都可能存在多重變通方案，並凸顯如何反覆精進、有創意地運用積木來找出變通的機會。

範例：三隻小豬

希望你還記得三隻小豬的故事。豬大哥、豬二哥用茅草和柴枝蓋房子，但大野狼吸飽氣、用力一呼就把他們的房子吹倒了，牠們只好逃往豬小弟家求救。豬小弟用磚頭蓋房子，大野狼吸飽氣、用力呼，屋子文風不動，而且三隻小豬在壁爐放一鍋沸水，要是大野狼膽敢從煙囪爬進去，就會被燙得皮開肉綻。[7] 大野狼可以怎麼繞過這些障礙，大快朵頤呢？

大致上，我們知道大野狼的問題在於牠想吃三隻小豬。但我們對狼先生的處境並不了解。比方說，牠是特別愛吃「火腿」，還是吃什麼都可以？附近有些山羊在吃草——如果大野狼只是覺得餓，也沒那麼挑，或許吃隻羊也不賴？或者，如果牠是出於習慣去追逐豬肉，或許這段插曲會激發牠考慮種點大豆什麼的，改吃素。或者牠就是沒辦法改，眞的愛吃培根愛到發狂。

若是如此，那狼先生好像眞的非得吃三隻小豬不可。牠吹不動也推不倒磚屋，所以必須想別的法子來抓到那幾隻豬。偏偏，小豬已經料到牠的第一個備用計畫，把滾水放在壁爐恭候大駕。但如果時間站在大野狼那邊，牠還有更多選項。如果牠很有耐心，或許可以等到耶誕節。三隻小豬勢必會挪走陷阱，讓耶誕老人從煙囪下來，這時狼先生也有潛入的機會。或者大野狼可以挖地道（或出錢聘請幾隻友好的鼴鼠幫牠挖）直通磚屋的地窖。

事實上，不只能找鼴鼠，我們知道很多關於大野狼和鄰居們的故事。大野狼還留著牠的羊皮裝，或是小紅帽奶奶的晨袍嗎？或許牠可以再僞裝一下。童話世界也存在各種網絡嗎，比如法律、社會、商業？也許三隻小豬可以聘請「三隻熊保全」（因應金髮女孩擅闖熊宅行爲而設立）並安裝警報器。對小豬屋主不幸的是，熊爸爸可能是大野狼的朋友，搞不好會答應「忘記」在一扇窗子安裝警報器，交換一些美味的早餐肉腸。

不過，也許三隻小豬很聰明，並不信任肉食動物幫。牠們決定保持低調，不讓任何人進入，無論是耶誕老人或保全業者。小豬可能在什麼情況下想要或需要放棄牠們的堡壘呢？或許大野狼只需要等到豬發情（或準備繁殖）時進城。這樣的需求可能會誘使豬隻離開藏身處，並分散其注意力，這時大野狼就有機會馬上行動，一次獵殺多隻小豬。

多提出幾個構想（就算有些最後可能行不通）能使你多思考不同的面向，讓那些可能干預措施多少看起來比較可行或合適。首先你可能會評估可行性。從細胞開始培養培根也許可以滿足大野狼的渴望，但如果童話世界只有前工業化時代的技術，牠就需要另謀他途。你或許也要考慮自己願意和能夠投入多少時間和心力。比方說，大野狼說不定有辦法買下豬小弟蓋磚屋的土地，可是牠眞的會想花這麼多錢和時間打官司，只爲驅離小豬嗎？趁夜闌人靜小豬熟睡時行動，應該快得多。大野狼可以去豬大哥的茅屋取茅草，豬二哥的木屋取柴枝，從磚屋的煙囪丟進去讓它們著火，再把煙囪封起來燻死小豬。小豬死掉以後，大野狼可以讓煙排出屋外，再從煙囪進屋子大啖煙燻豬肉。

同樣的，預期衝擊的大小也很重要。我們不知道大野狼是想要製造小規模、個人層次的衝擊（在這個例子中，吃別的食物或許也無妨），還是想要改變整個社區的食物供應（在這個例子是種大豆做素肉代替可能更適合）。最後，你，就像大野狼，或許會考慮大眾觀感。當然，狼是肉食動物，但牠是否願意爲了抓到那幾隻惱人的小豬，而背負在當地供水施放蛔蟲的惡名？這或許會招惹到鄰居——如果牠們還活著的話。

顯然，我們爲大野狼先生設想雜七雜八的干預措施，只是做個搞笑的低風險練習。但這仍闡明你可以怎麼運用變通的心性，爲眾所皆知的故事提出不同的情節發展或結局。現在，既然你已經可以比較自如地運用提示和腦力激盪，發揮創意又不帶評斷，讓我們繼續前往下一個比較棘手與更寫實的案例。

範例：哈囉，希爾達

你名叫希爾達．葛倫沃（Hilda Grunwald）。你是德國人，女性，電腦程式設計師，住在柏林，投票給綠黨。你對移民採取自由派的立場，而且，對難民的處境感到心痛，你想要做點什麼來幫助他們。最近遇到你的敘利亞鄰居，他們正與貴國官僚系統搏鬥、解決文書作業，以便獲得合法謀生資格。你可以怎麼幫忙呢？

你知道自己對難民危機所知不多，但你是查資料高手，所以開始查閱聯合國難民署（ＵＮＨＣＲ）的資訊。一查，你便明白自己有好多事情要了解。你不知道截至二〇二〇年，在大約八千兩百萬被迫離開母國的人民中，只有約兩千六百萬人在其他國家獲得難民身分。依據媒體對這個議題的關注，你原本希望高所得國家能收容超過一五％逃離家園的民眾。[8]

你想了解那些民眾**爲什麼**不得不離開母國，但找不到一個明確的理由。多數人是因爲林林總總的問題結合起來使他們難以消受而離開母國——就算他們未被歸類爲「被迫逃離家園」。突然間，你得絞盡腦汁來理解一堆普遍存在、環環相扣的問題，例如：全球飢餓、貧窮、水資源匱乏等等，這些都對弱勢移民的生活造成衝擊。

你獲得一些解答，但這些解答引發的問題又比你開始查閱資訊時還要多，於是你知道必須支持逃離家園的民眾，不論他們是否被授予「難民」身分。若著眼於徹底、正確地釐清這個問題，會吸走太多心力，使你無法達成眞正的目標。發揮創意的時候到了。

隔天，走路上班途中，你經過一家觀光資訊中心。你回想在人生空窗期的旅行，想到假如當時已經可以使用目前放在你口袋裡的所有Apple技術，自己的體驗一定截然不同。隨著時間一年一年過去，這些觀光資訊中心似乎愈來愈不忙了。除非……

這些形同廢棄的中心，有沒有其他潛力可以開發呢？畢竟，它們還是運作正常、有配備員工的機構。它們可以轉型來為初來乍到者提供資訊和諮詢，幫他們媒合在地就業機會或職業訓練嗎？你得找政府官員合作，或是繞過官員，直接找那些員工幫忙，但也許這真的行得通。

你注意到現有資源可以怎樣賦予新的用途，你已經提出一個有潛力的變通方案了！但你還沒搞定，於是決定繼續腦力激盪，看看會不會有其他想法冒出來。

這天業績清淡，當你查看電子郵件時注意到，有封信詢問要不要去程式訓練營當志工講師。教移民寫程式可能是有趣的第一步，但他們也需要獲得公平的機會來將寫程式技能轉換為職業。

在慢慢研究那封志工徵求信的時候，你發現了別的東西。法律可能不允許近期的移民就業，但是沒有人能阻止他們擔任志工，也沒有人可以阻止你捐錢給他們。要是你能用自己的名字成立一家網路發展公司，與「志工」而非「員工」配合，讓志工拿「斗內」而不是「薪水」呢？這會是個很大膽的漏洞，但是這個主意無疑值得探究。

那個週末你和好友——政治學家亞瑟·雷伯庫翰（Arthur Lebkuchen）喝咖啡。你們聊到「德國另類選擇黨」這個極右派民粹政黨有驚人成長，以及他們似乎利用聳動的新聞標題，以及通常不正確卻在社群媒體大肆分享的報導壯大聲勢。民眾閱讀和分享這些言論愈多，仇外、反移民等想法就會變得愈稀鬆平常。

亞瑟提到，在我們高度連結的社會中，多半不可能追本溯源、查出假新聞是誰編造的，不過或許有可能讓假新聞沒這麼容易傳播。身爲造詣深厚的程式設計師，你知道在谷歌搜尋出現的連結並非隨機，而是依據特定計算結果排列。這種演算法傾向把有信譽的來源（例如：大學或政府網站）分享過的連結排得比較前面。要是你能找一個大學教授網絡合作，請他們轉發可核實、查證過的新聞，會發生什麼事呢？這些可信賴的源頭應該有更高的機率成爲人們第一個搜尋結果。

這是個有趣的概念，但和亞瑟聊過之後，你知道效果可能不會太好，因爲比起經由谷歌搜尋，新聞（尤其是「假新聞」）更常透過社群媒體和各種直接通訊軟體散播。另外，如果你能直接幫助你的新朋友和鄰居，而非糾結於如何擾亂極右派的網軍，你會更開心。或許假新聞自我強化的模式不是現階段的你該費心的事。

和亞瑟碰面後騎自行車回家時，你一直在想要怎麼讓剛抵達德國的民眾生活得容易一點。你知道自己已經思考過賦予資源新的用途、鑽規定的漏洞，以及打亂自我強化的模式，但你還沒考慮過其他關係——搞不好這才是最明顯的干預措施。已經有其他移民和難民通過同樣的官僚體系，說不定有些人願意幫忙。到晚餐時間了，你腦海浮現四散城裡各處的出色敘利亞餐廳。或許你可以幫初來乍到者聯繫餐廳老闆和員工，尋求諮詢。

在考慮新近移民可能最需要哪一種協助時，你兜回第一個點子，也就是運用挹注觀光的資源。假如你不是賦予實體資源新的用途，而是搭既有觀光**網路**，像是CouchSurfing平台的便車呢？這個線上社群連結旅客和願意與旅客同住的屋主，說不定這個社群網站（或類似的平台或服務）可以幫助移民找到臨時住所。除了解決迫切的需求，這個構想還有一個好處是：不必跟政府官員打交道。

希爾達，你想出了好些有趣的點子，都是能在非常複雜的體系中解決一連串問題的可行干預。該怎麼選擇先走哪條路呢？操之於你。你可以決定從自己認爲會造成最大衝擊的事情著手，或從自己最適才適用的地方開始——重點是要開始。一旦開始執行某一項變通方案，這一路上你都可以自由修正自己的路線、換另一個構想從頭來過、汲取靈感，或重新明訂目標。

從靈感到執行

嘗試組搭變通方案需要彈性，而彈性特別能幫助你處理複雜、不具體、難以落實傳統管理策略的問題。雜牌軍組織擅長尋求這些彈性方案，正是因爲他們無法過於仰賴傳統的方法來解決問題。如果允許自己展開一場自由流動與不斷反覆的練習，你也能在若干簡單積木的支撐下組合多種不同變通方案。你的積木不僅能適應自己的情境，也能適應你的動力。

當我和學生進行這些觀念構成的練習時，永遠有一群人試著詳盡列出所有可能性，使用所有積木。這種完美主義會導致失敗。不要以爲自己一定能預先找到最終目的地。好的構想能帶你前往新奇的地方。請記得，在用樂高建造時，你可以探索不同的配置結構，而且想用多少塊積木，就用多少塊。就如同在我們試著幫助狼先生時，不是每一個提示都有效果或可行，而且有些主意看起來比別的吸引人或穩當。何謂「穩當」由你判斷，取決於自己的資源、力量、想投入的時間多寡，以及想要造成什麼樣的影響。玩希爾達的角色扮演時，一旦找到讓自己興奮且看似可行的變通可能性，你就可以準備實行了。

到頭來，這些構想是在實踐階段最爲重要。我好想向你保證，只要遵照某種做法就能成功，但我不能。變通方案的妙處與挑戰，在於你必須親身試驗。因爲變通方案適合亂七八糟的情況，你的手非弄髒不可。

這不代表你必須親自動手挖掘。雖然每一種挑戰都有它獨一無二的脈絡、嚮往的結果與最惡劣的情況，但我的研究已幫助自己找出幾個實行變通方案的訣竅，這些都是以前述雜牌軍組織的事蹟爲基礎。所以如果你還記得〈PART

1〉的四種**變通思維**，也欣然接受我在〈PART 2〉描述的**變通心性**和**態度**，那在必須繞過障礙的時候，你已經做好做出關鍵判斷、安然度過難關的準備了。換句話說，你更能像雜牌軍組織那樣思考和行動了！

你可能記得，〈PART 1〉的例子證明，愈是試著繞過問題，就愈能培養繞過問題的本領，而且一種變通方案可能引出另一種。當「浪尖上的女性」組織開始鑽漏洞在船上提供安全的墮胎時，它在一個地區的服務發展出其他機會。不久，該組織也開始爲需要取得生殖醫療的女性提供特定國家的建議。這是因爲你在探索的時候自然會提出新的問題，初期的嘗試也會像瀑布一般灑出其他意料外的點子——如果你在過程中遇到新的問題和挑戰時，一再運用這種觀念構成的練習，點子會更多。

有些繞過障礙的構想和嘗試會派得上用場，有些則如天馬行空——這是這趟旅程的一環，它一定會伸進出乎預料的地方。當冒險進入新的境地時，我們八成會像愛麗絲那樣問柴郡貓她該走哪條路。柴郡貓回答：「那要看妳想去哪裡。」但愛麗絲心裡似乎沒有明確的目的地：「去哪裡都沒關係，我沒有很在意……只要能到**某個地方**就行。」[9]只要你開始走，就一定會到某個地方。

別太擔心。畢竟，變通方案的概念就是可行，就是以「夠好」爲目標，而且不需要大量的時間、資源或權力。

8 組織裡的變通思維

我老是碰到那種擁有專業的人士——銀行家、律師——他們想馬上離開，得到難民相關領域的有給職工作。我對他們說，一個除了與難民打交道之外就一點資格都沒有的人，你會聘用他當銀行的業務主管，或是在法庭辯論案件嗎？[1]

這段引言可說總結了我在商學院工作那幾年常遭遇的挫敗感：我不時會遇到麥肯錫或高盛的員工（或剛離職的員工）亟欲將他們的智慧傳授給非營利組織，以及對付貧窮、不平等或醫療問題。

任何人想轉換事業跑道，或是爲他人的人生帶來更直接、更正面的影響力，我都不反對。我有意見的是一個想當然耳的假設：企業本質上比非營利組織高一等、經營得更好、裝備及能力更佳。任何希望產生影響的組織，最好都能仿效那些以獲利最大化爲目標的企業。

而且不是只有一些德勤「校友」空降到組織中，提出拯救社會企業的方法。學術論文、暢銷書、政治人物和智庫也一天到晚複述一項傳統觀念：所有組織都可以經由變得更像企業來追求進步。它卻忽略不同組織有不一樣的目標與功用的事實。我要傳達一個主張：我們不僅該對抗「所有組織都能從模仿企業中獲益」的假設，其實，企業也可以向非營利導向的雜牌軍組織**學習**。

沒錯，這一章的引言跟我一拍即合——而且不只一個方面契合。它不僅明確傳達了我在向雜牌軍組織學習時發展的觀念，而且這些話是瑪麗・安妮・施瓦比（Mary Anne Schwalbe）說的，她是婦女難民委員會（Women's Refugee Commission）的創會董事，而她的兒子碰巧是你目前在讀的這本書的編輯。

本書背後的研究是以世界各地雜牌軍組織、大膽無畏的社會企業家和電腦駭客的知識經驗爲基礎——不是來自大企業或全球巨頭，而是來自資源有限、在邊緣勉強度日的小人物。

這一章會探究組織如何將這些課題銘記在心，並變得更善於變通。說得更具體一點，我們會深思策略、公司文化、領導力和團隊合作等方面的建議，這些建議有助於變通思維在各種規模與產業的組織中蓬勃發展。

策略

有些商業策略會促進變通方案，有些則會構成阻礙。要接受並促進組織裡的變通方案，你必須攪動一些陳腐與過時管理教條的灰燼，比如要有效率、長期規畫、分層決策，並取得和情境有關的所有資訊，才能做出決定來採用更適合的策略。我們要少做一點計畫、投入更多橫向決策、爲了出現的機會改弦易轍來因應、透過轉向和堆疊來充分利用預料外的機會，並決定如何擴大你的影響力。

少做一點計畫

執著於計畫會阻礙變通方案的執行。有些個人和組織（全球出資人士、公司、政府和社群等等）相信，可以靠長期計畫解決每一個問題，也認爲理性的設計、完整的評估和合乎邏輯的執行，比調適更重要。儘管這些組織的初衷很好，我們卻一再見到，他們常無法靠計畫替複雜的問題找到出路。[2]

過度計畫正是獨立運作的專案往往過度承諾、開支過高或無止境拖延的原因。也是許多人無法把握身邊機會的一大因素：花太多時間與心力聚焦於遵從我們（或我們的文化、家人或組織）爲自己擬定的計畫了，因而忘了評估、再評估我們有能力做什麼和想要做什麼。儘管我們迷戀計畫，心理學研究卻顯示，從長遠來看，我們因爲「沒有作爲」而後悔的程度，似乎高於採取行動。常見的遺憾包括未能追求有利可圖的商業機會，或是沒有上大學等等。[3] 換句話說，我們對於自己當初沒有行動的遺憾，大於對失敗的遺憾。

過度奉行自己的計畫不僅會犧牲嶄新或發展中的機會，還會爲計畫這種行爲本身付出代價。在面臨決策，特別是困難的決策時（例如：要追求哪一種職涯或如何投資），我們動輒因「深思熟慮」而裹足不前。套句英國小說家伊恩．麥克尤恩（Ian McEwan）的話來說：「在做重要決定的時刻，可以把心智想像成議會」，而非一致的理性之聲。[4]我們會猶豫，會試著放眼太遠的未來，爲無須負責的事情負責，有時還會用過度承諾掩飾不安全感。

與其試圖從一開始就預想和決定每一個細節，倒不如鼓勵自己和身邊的人一小步、一小步的探索。因爲就像加拿大教育家勞倫斯．彼得（Laurence J. Peter）說的：「有些問題太複雜，複雜到你必須擁有高智商且消息靈通才能猶豫不決。」[5]千萬不要以智慧和完美的資訊爲目標，做就對了。既然變通方案需要的時間和資源少於標準、計畫周詳的途徑，你能損失的也不多。先展開行動，之後便不難以行得通的事情爲基礎繼續發展，並放棄行不通的事，又不必重新思考整體的運作。

此外，我們甚至可以（或尤其可以）將變通方案應用於自己不甚了解的問題。系統變革實踐者建議，我們要「追求健康，而非完成任務」。[6]如果目標是過健康生活，你可能計畫減個四、五公斤，但減重未必能解決你所有健康問題。隨著身體發生變化，你必須繼續調適、重新評估健康的意義，例如：劇烈的健身法可能導致運動上癮或膝傷。如果長期進行高蛋白飲食，幾年後你的肝可能會出問題，或是出現其他你現在無法預期的毛病。這代表該放棄你的減重目標嗎？當然不是。但你必須承認健康的有限標準（比如減一點體重）不會、不能、也不該拿來解釋所有複雜且往往無法預期的事。與其執著一個最要緊的目標，並爲它擬定計畫，不如探求不同的途徑來接受複雜。你要追求健康，而不是假裝良好的計畫必能造就一個使問題消失的完美解決方案。[7]

誰做決定？

你可能記得我第一次探究變通思維是在研究駭客社群之後。我發現這個族群和許多公司的環境幾乎截然相反。新手駭客不需要響亮的學位或專業化的訓練，他們全靠自學。多數企業仰賴嚴格的階層結構與仔細劃分的領域，反觀無名的駭客，想做什麼就做什麼，想什麼時候做就什麼時候做，並教學相長。不同於將特定專案（及其成敗）的責任分配給特定個人或團隊的組織，駭客發展出的協力合作會表揚貢獻，卻不會強調誰要負責什麼。[8]

不用說，駭客有很多地方值得組織學習。我們在〈PART 1〉所探究最有效的變通方案，很多皆受惠於駭客一般的協同合作，讓看似互不相干的參與者與資源之間能互相配合——在階層分明、劃分清楚的組織中，通常不鼓勵這種出人意料的互補。

爲了向駭客汲取靈感，組織可以一面明確敘述口徑一致的願景，同時允許構想更自由地分享和修改。駭客受到創造力和好奇心驅使，而非知名度或身分地位所刺激，他們其實也極具創業精神；傳統組織會面臨的一些挑戰，駭客也會碰到。許多開源、自動執行的專案都要透過所謂「終身仁慈獨裁者」（BDFL）的模式（原本是指開創Python程式設計語言的吉多．范羅蘇姆）來平衡責任、裁決與合作、彈性之間的需求。在這種模式中，任何人都可以執行改良和創造改變，但創辦人對於較大的爭議和未來的策略仍保有最終決定權。[9]

變通思維如同駭客和開源社群的工作，它能受惠於開放、合作的環境，正是因爲新穎並非憑空出現。創新是融合諸多投入、知識、經驗，這種融合拓展了可能性。過度強調特定任務或特定領域由誰一手包辦，會妨礙這種有機的探索，阻止貢獻、脈絡、調適與個體的重新組合。[10]

改變路線

採用適合變通思維的策略就是欣然接受彈性，也就是說，要以平常心看待各種變通方案的艱辛開頭、缺點與失敗。

變通方案常源於對困難問題的自然反應，因此很難預測特定干預措施會是淺嘗即止的實驗，還是可擴展的冒險。要鼓勵變通方案，就需要以開放的態度看待這兩者和兩者之間的任何結果。有些做法壽命有限，比方說，在印度描繪印度教神明、嵌入牆壁的磁磚。一旦磁磚脫落，牆又會再次浸泡在尿裡了。有些做法可能是較大規模運作的基礎，比如 Zipline 在盧安達的營運可能有助於該公司在空中交通較繁忙的國家發展無人機運送。還有些做法可能或起初看起來一敗塗地。比方說，「浪尖上的女人」組織於二〇〇一年展開處女航時，未能在愛爾蘭達成爲女性提供墮胎服務的目標，因爲當時那艘船尚未取得允許醫生在船上執行墮胎的荷蘭執照。然而，這表面上的「失敗」反倒刺激團隊動員其他支持者，並找出日後必要的步驟。

實行變通方案、促進變通思維，會使眾人更願意隨機應變。培養這樣的意識能助你察覺變通的機會，以及某個變通方案其實行不通的警訊。因爲許多變通方案需要的投資相對少，衡量情勢、調整路線，甚至終止不成功的嘗試，也不會這麼痛苦。最理想的是，這種持續不斷的反省和再構思會營造的一種環境，是可以鼓勵多嘗試、通融低風險錯誤。這種創造的動能至關重要——而它需要你逐步克服挑戰，並且在必要時改弦易轍。

心理學研究告訴我們，完成眼前的小任務能增加人的動力。我們可以運用這股動力做爲繼續探究、實驗的推力。一九九六年，研究人員羅伊．鮑邁斯特（Roy F. Baumeister）、艾倫．布拉茨拉夫斯基（Ellen Bratslavsky）、馬克．姆瑞文

（Mark Muraven）和黛安・泰斯（Dianne Tice）烤了很多塊巧克力碎片餅乾，讓實驗室洋溢著令人無法抗拒的美味香氣。然後他們請兩組研究參與者入內，在一個房間裡等待稍後進行任務。參與者不知道的是，這項任務是設計成不可能完成的。在等候室裡，一組受試者被鼓勵盡情享用剛烤好的餅乾，另一組則被告知可拿一個碗裡的蘿蔔吃。結果吃蘿蔔的人比吃美味巧克力餅乾的人更快放棄棘手的謎題。[11]這個著名實驗除了教導我們絕對不要拒絕巧克力碎片餅乾，還證明了維持動力、避免疲累不堪的重要性。讓自己或組織一邊善用變通方案的短期作用，一邊評估可行性和接下來的行動，你會準備得更充分，更懂得怎麼利用未來的機會。

轉向和堆疊

不難看出，這種充分投入、洋溢好奇、活潑奔放的構想流動，除了判斷某項變通方案是否可行，還有其他好處。密切注意一個情境所提供或需要的瞬息萬變資源，這樣一來，你轉向和堆疊變通方案的本領會更高強。

轉向的意思是：改變心力投入的方向，來因應超乎預期的需求或突發狀況。[12]當尼克·休斯在肯亞開辦 M-Pesa 時，他是想搭薩法利既有基礎網路的便車來提供小額貸款。但在試驗期間，休斯的團隊明白肯亞人最重要的挑戰不在他們一開始所想的資金短缺，而是錢的流動。要轉向，M-Pesa 團隊就需要回應他們蒐集到的證據——這項任務說起來容易，做起來很難。轉向的決定如此艱難，可能是因爲感覺上好像要你放棄先前的努力，以及爲它傾注的全部時間或資源。然而，不轉向的傷害可能更大，這會致使你浪費寶貴的資源在不符標準的「解決方案」上，錯過其他更有希望的途徑。

至於堆疊，就是看待新構想同樣必須抱持開放態度，但也需要結合一組變通方案來達成自己的目標。雪赫拉莎德夜復一夜堆疊同樣的變通方案，迪諾州長結合一連串不同方案來將呼吸器進口到他的州，許多叛逆人士和社群逐漸推開密碼學的障礙，最終催生出比特幣。這些互補的策略示範了堆疊變通方案可以怎麼大幅提升效率，並開啓全新的可能性。

發展轉向和堆疊的必要技能也有助於擴大影響力，例如：蕾貝卡·龔佩慈後來成爲在禁止墮胎的法律體系裡發掘漏洞的智囊。她和同事一起鑽了許多其他漏洞，不只是在公海提供安全的墮胎。但就連大師也有局限：我發現一旦個人或組織開始使用一種類型的變通方案，就會開始專攻它、繼續援用下去。我鼓勵你自我挑戰：結合不同種類的變通思維，一一實踐。四種變通思維各有長短優劣，也會促成不同類型的方法。

擴大影響範圍

變通方案固然可能提供有用的一次性應急辦法，但它們也可以用來達成較長期的目標。有時候一個應急辦法會發展成更大的解決方案。隨著變通方案（和你的目標）逐漸進展，你可能又面臨一個棘手的問題：要不要擴大影響範圍，又該如何擴大呢？

在過程中主動試驗（而不是過度計畫一路上的每一步驟）時，你仍需考量怎麼讓自己的行動和目標一致。徹底思索擴大影響範圍的不同方向（縱向、深化或向外），[13]有助於你根據自己的情境和期望來調整變通方案。你希望拓展觸及範圍，即「縱向擴張」（scale up）嗎？你想要「深化效益」（scale deep），以建立更長久、更穩固的連結爲目標嗎？或者你希望「向外擴散」（scale out），讓你的變通方案能自給自足，你不必再事必躬親？

「縱向擴張」的意思是，在不同背景複製你的變通方案，拓展觸及範圍。例如：「浪尖上的女性」組織的目標是爲居住在禁止墮胎國家的女性提供便利的墮胎服務。龔佩慈的第一個變通方案（在荷蘭籍船上提供安全的墮胎）原則上幾乎可以在任何有海岸線的國家附近複製；船航向波蘭、巴西或摩洛哥的差別不大。組織的第二個變通方案（寄送由荷蘭醫師開立處方、做仿單標示外使用的墮胎藥）又更有彈性、更具成長潛力，因爲寄送藥錠所需的時間和資源，比開船航往列國少多了。

「深化效益」是指：建立更穩固的連結，讓你本人（或你的組織）更深入地融進你的變通方案運作的背景中。[14]「深化」與「縱向」並不會互斥——想想M-Pesa如何同時追求兩種策略。當沃達豐和薩法利亟欲將M-Pesa的服務「縱向」擴張到不同國家的時候，他們也確保新的金融平台能與肯亞的地方政府、企業，甚至傳統銀行建立「更深」的連結。透過聚焦於這些在地與背景因素，M-Pesa 逐漸影響肯亞更多國家政策和民眾日常，假如它並未放眼原始目的之外，就不會有這種成績了。

「向外擴散」則是要確保你的變通方案可以存續得比你還久。要是你的方案完全仰賴你的知識、努力或資源，那麼萬一你不在了（例如：你另謀高就或退休、你的資金用罄、你的公司改變優先事項等等），會發生什麼事呢？這個考量在全球發展的背景下尤其關係重大：低所得國家見過太多援助組織[15]，和自命不凡、常自詡爲白人救世主的企業家了。[16]他們的干預非但沒有解決問題，還往往造成更深的依賴，有時更讓事況雪上加霜。[17]一旦資助週期結束或企業家「移情別戀」，這塊補丁就會脫落，引發出血：基礎建設崩潰、資金撤離，人們失去希望，不再相信情況會好轉。當我前往尚比亞研究可樂生機時，在地民眾跟我說，每當他們看到美國國際開發署的標語，就認定計畫基本上會在大功告成的那一刻崩塌。

這樣的挫折，可樂生機的創辦人感同身受。從一開始，珍和賽門．貝瑞就知道這個組織的影響力必須能在他們離開後持續下去。賽門說：「我們打一開始就想留給尚比亞一個自我維持的方式，我們連自己的死亡都考慮進去了。」他們使用一個又一個「搭便車」變通法、利用既有架構，慢慢讓自己變得多餘，最後終於可以像珍所說的，「無聲無息」地離開這個國家。雖然他們是以執行一項變通方案開始，後來卻用上更多變通之道來賦予他人能力、建立自主權、爲當地參與者建立更好的相互連結，讓他們可以將這種做法「縱向擴張」到全國更多地區。在貝瑞夫婦離開尚比亞後，在當地參與者的領導下，止瀉療法的取得已更有組織、更有系統地「縱向擴張」了。

公司文化

變通方案會發生在各式各樣不同規模和產業的組織。舉凡從階層分明的礦業集團，到被大肆炒作的新創公司，公司文化之中都有三大要素可能形塑員工創造、追求和評價變通方案的方式：活力、務實、責任感。實踐三者的最佳實務是先行動後再思考；先求夠好；請求寬貸，而非許可。我們將一一深入探究。

先行動後再思考

變通策略的精髓在於：快速敏捷、可塑性高、非常適合不斷變遷的環境，包括人際網絡、資源和知識。但我們常未體認，新的經驗不僅會改變自己的思考方式，也會改變我們成爲什麼樣的人——或者，如同組織理論家卡爾・威克（Karl Weick）所說：「在還沒看到自己做了什麼之前，怎麼可能知道我是誰呢？」

倫敦商學院教授赫米尼亞・伊巴拉（Herminia Ibarra）說，如果想要創造改變，我們必須反轉「三思而後行」的傳統觀念。不熟悉的事情，我們要先試過才能觀察結果、記下自己的感覺、觀察他人作何反應、反思這段經驗帶來的啓發。[18]

採取這種積極、有行動力的方法不代表你不需要透徹思考。這種做法只是說明我們建構意義的一個過程——也就是我們解讀周遭環境、建立身分認同、找出可能性的方式——是發生在充滿矛盾與懷疑的情境之中，因為我們周遭的世界既複雜又瞬息萬變。我鼓勵你欣然接受這種不確定感，探究它創造的機會，然後思考自己的反應。[19]

可樂生機剛開始執行借助可口可樂配銷服務來提供救命的止瀉藥品時，是先研發藥物包裝，並透過半實驗性質的測試來探究「搭便車」的構想。經由直接參與和行動，貝瑞夫婦和當地合作夥伴拉攏了許多利益關係人，然後蒐集資料、觀察可行與不可行的方法。在進行及評估試驗之後，他們發現最重要的不是可口可樂板條箱裡的空間；他們發現，騎腳踏車、摩托車將消費品送往偏遠地區的運貨者，常把藥品和汽水板條箱及其他商品（糖、咖啡、食用油等）捆紮在一起。他們得過獎的包裝設計固然不錯，但其實是價值鏈上所有成員的交互作用讓可樂生機得以建立自我維持的模式。珍和賽門必須先行動，這樣才能對他們獲得的資訊做出回應；然後他們從搭可口可樂板條箱的便車轉向較抽象的、搭既有消費品價值鏈的便車。這樣的行動力讓這項變通方案迅速擴展到全國各地。

先求夠好

就連世界排名數一數二的大公司，對他們的問題也不具備充分的知識和完整的資訊，也沒有取之不盡的資源和用之不盡的技能。就算眞的可能對現實有完美的認識，但他們的知識也常常迅速就過時，因爲世界變化得是如此之快，如此無法預測。正因資訊不完整，我們更需要重視不完整與有所局限的方法：這些方法也許不夠精湛，但引用牛津大學教授史提夫・雷納（Steve Rayner）的說法，它們「他媽的有用」。[20]

那麼，要一邊在組織裡營造適合個人發展的環境，一邊認清且重視不完美，怎麼做最好呢？我們可以向「兒童發展研究」學習。英國精神分析學者唐納德・溫尼柯特（Donald Winnicott）是第一個提出「護持的環境」概念的人。他發現，找得到人、令人放心，但要求不苛刻、不會強行打擾的爸媽，能提供促進兒童健康發展的護持環境。不過於放縱，也不會過度保護，這些「夠好」的爸媽最善於帶領兒童長大成人。這種爸媽會讓孩子舒服自在且充滿好奇，在他們逐漸發展強健與更獨立的自我意識時，會支持，而不是壓制他們。這些小大人甚至能看出爸媽的過失——這超棒的：孩子必須學會應付不完美與複雜的世界。[21]

「護持的環境」正是能讓變通方案蓬勃發展的那種文化。想想〈PART 1〉介紹的許多年輕雜牌軍組織：由於擁有的資源或權力不多，他們欣然接受「夠好」的風氣，這讓他們可以針對解決之道做出不完整、不完美，以及不因循守舊的嘗試。

不過，大型組織的領導人就跟非常嚴格的父母一樣，常著眼「正確」的途徑，但這會扼殺員工的個人發展。「完美」的文化會驅使員工以傳統而非有創意的方式思考目標、工具和機會，這會讓他們對特定方向太有信心，進而導致他們錯過其他可能經由探究未知的實驗才知道的方法。

〈PART 1〉介紹的雜牌軍組織撼動了既有的一切，透過拓展可能性的範圍來啓發改變的新契機。比方說，龔佩慈開始在公海提供墮胎服務時，多數人認爲在墮胎不合法的國家，除了走完艱辛的修法過程，女性「無計可施」。多虧龔佩特的務實做法，開始有其他人加入她的志業、動員民眾、受到啓發而嘗試新的夠好方法來推動變革。

所有規模和產業的公司都可以培育這種務實的文化，尤其是發展尖端技術的公司。它甚至可以透過來自公司基層的一連串變通方案來推動。不妨回想 3M 和惠普早期「暗渡陳倉」的叛逆如何改變了公司文化，促成支持創新自主與彈性的政策。務實的文化未必要由上而下；員工也可以經由繞過規範、激發他人看出不完美和實驗性方法的價值，來發動這些變革。[22]

務實和變通思維會以某些方式構成自我強化的行為：員工愈是設法繞過障礙，這種行爲就愈容易煽動組織裡的務實文化，務實文化也愈容易爲他人分享，變通方案也就愈可能被構思出來和付諸實行。

請求寬貸，而非許可

因爲變通思維繞過了各種可見的障礙，別期待它們在凡事皆須請求許可的文化中蓬勃發展。支持變通的文化固然得益於某些規則（否則我們要變通什麼？），但變通思維更會在藐視規則的文化中盛行。

像牛津和劍橋等好幾百歲的大學有許許多多源於悠久傳統的規則。在劍橋，舉凡不要踩某些學院的草皮、不要在同學面前唱生日快樂歌、每學期至少要在大聖瑪麗堂方圓五公里內待五十九夜，規則不勝枚舉。師生不會太認眞看待這些傳統。事實上，很多師生以漠視或規避傳統爲傲，我也常看到學生思索（或親身嘗試）迴避這些規則。有時純屬胡鬧（密切監視的守衛不准你踩草坪，那用爬的呢？），但多數時候確實提高了生產力。師生常利用規則的模稜兩可加以規避。

舉例來說，這本書就是誕生於一場變通方案促成的冒險。我在申請劍橋大學博士學位時，想要研究如何駭入形形色色的複雜系統來解決迫切的永續發展議題。這對我來說是全然陌生的領域：我對它幾乎一無所悉；當時對於「駭」的事證不多，沒有人把「駭」當成一種手段來迅速執行迫切需要的社會環境變革，而我知道這會被大學視爲非常冒險的事，因爲我必須和駭客共事，但媒體常給駭客亂安罪名。我也知道劍橋大學的選拔過程競爭競烈，大半生涯在巴西讀書的我，要和其他擁有常春藤聯盟學位的博士候選人較勁。我需要令人驚豔的研究提案，而研究「駭」的時機尚未成熟。然後我繞過了這些障礙：我寫了不同主題、我知之甚詳、對大學和出資單位顯然具吸引力的研究提案。幸運的是，在我進入劍橋大學製造研究所的時候，所裡的風氣是「請求寬貸，而非許可」。所以我沒有請求核准——若是我「駭」的主意奏效，若是我能說服大學和贊助人這值得追求，就太棒了；若不能，繼續其他研究就是了。

雖然所裡這種風氣不是正式的規範，但這個被反覆提及的指示仍營造了孕育叛逆想法的環境。有時我們就是需要一次用一種變通方案拓展科學和教育的界限。

領導力

麥爾坎·葛拉威爾在為《紐約客》撰寫的一篇文章中寫道：「賈伯斯生平最偉大的成就是，他何其有效地將自己的習性與特質——暴躁、自戀、粗魯——融入追求完美之中。」[23]這種「完美局外人」概念的兩個問題立刻浮現。首先，對於賈伯斯這種有錢白人的描繪與偶像崇拜是不正確的，且本質上與普遍的種族、性別及所得不平等有關。這樣的描述使我們相信他們具有某些稀有的英雄般能力，但事實上，他們取得的成就，不是只屬於他們。此外，這也替他們開脫了暴躁、自戀、粗魯等不良的行徑，而且與其說是習性，這些行徑與特權的關係更密切。其次，完美的評價太高；這是遙不可及的抽象概念，是一種推測。世界會改變是因爲人不斷嘗試探索更好的路線及管理混亂，不是因爲某些願景家找到並頑強地追尋**正確**的路徑。[24]

我會建議不要把這些所謂的「變革創造者」當偶像崇拜，而要著眼於管理界在領導力方面低估的兩個關鍵面向：安全網的重要性，以及管理混亂的能力。

承擔風險

賓州大學教授、暢銷作家亞當・格蘭特承認他錯失了一個絕佳的投資機會，因爲他以爲所有成功的企業家都是大膽的冒險家。他在著作《反叛，改變世界的力量》中提到，二〇〇九年有位MBA學生向他推銷瓦爾比・派克（Warby Parker）的理念，並給他投資那家公司的機會——該公司目前市值數十億美元。格蘭特婉拒了，因爲瓦爾比・派克的共同創辦人作風不像刻板印象裡的成功企業家：他們不願輟學，也沒有人在該公司擔任全職——要是該公司創業失敗，這些人還有工作排隊等著。[25]

商業書讓輟學者的迷思長存於世——這些人有強大的決斷力和意志力在他們（這些書確實大多聚焦於男性）爸媽的車庫裡追尋大膽的構想。這些領導人和冒險家延遲滿足，抗拒短期誘惑，而追求正確的願景。這些不完整、通常不精確的故事或許很適合拍電視劇，但揭穿「大無畏英雄願景家」迷思的時候到了。許多被描繪成偉大冒險願景家的媒體寵兒，其實擁有安全網，又同時兩面下注。比方說，傳記作家常描述比爾・蓋茲是以車庫爲基地，與世隔絕、出類拔萃的天才，但他其實在賣掉一個新軟體程式後足足等了一年才離開學校、專心投入微軟的全職工作。而且他一開始根本沒輟學：他是申請休學，仰賴爸媽金援，萬一微軟失敗，還有其他選項。[26]

領導力不是只有少數個人與生俱有的能力；領導力源自於在不確定的情勢之中，由人所做的一連串決定，這些人在探索新機會的同時，會經歷恐懼，也會犯錯。面臨不確定時，安全網能幫助我們兩面下注，避免損失。[27]很多人沒辦法成爲領導人正是因爲缺乏安全網。相對於檢驗商業構想，設計變通方案之初不需要巨大的安全網；事實上，變通方案多半是在克難、凌亂的環境中發展出來。未來的領導人可以從邊緣探究替代方案，就不必在測試變通之道時過於仰賴特權保護。

當變通方案逐漸增長、新機會萌芽，事情會變得較複雜。變通方案發展期間常需要更多執行方面的努力——這時安全網就變得至關重要。比如〈PART 1〉介紹的幾個影響力最強的變通方案，都是有全職工作或其他安全網的人所發想：在他們爲眞正在意的問題進行變通解決方案時，這些後盾能給他們維生所需的穩定。比如許多拓展密碼學範疇的「賽博龐克」都在大學（例如：麻省理工學院和史丹佛）和科技公司（如IBM）任職。露絲·貝德·金斯堡和美國公民自由聯盟一起研究她最早的性別歧視案例時，仍任教於羅格斯大學法學院。兩面下注允許他們更深入研擬變通方案，在不致犧牲太多生活的情況下擴大影響力。

管理混亂

尾隨「正確路線」迷思而來的，是這樣的期望：領導人有不可妥協的願景，就算困難重重，仍會熱切追求。這種期望是以一個假設爲根據：未來是事先決定的，但只有少數特權人士才看得到，而這些人會順利度過現在，帶領我們進入不可避免的未來。歐洲工商管理學院教授詹比耶洛・彼崔格里利（Gianpiero Petriglieri）說，當他問學生好的領導者要具備哪些條件時，有人立刻回答「願景」，在場每個人紛紛點頭表示同意。學生大多認爲有願景的個人能引導、激勵大夥兒跟著他前進。彼崔格里利指出，高效領導人其實是要解讀不確定的階段、撫慰苦惱、協助釐清令人混亂的困境。高效領導人會選擇性地闡釋挑戰，提供剛好足夠的光線或洞見指引方向、使人安心和凝聚士氣，但又不至於令人不勝負荷，或心神不寧。[28]

變通方案只求夠好，鼓勵變通思維的領導人頂多也只能求夠好。套用組織理論學者羅素・艾可夫（Russell Ackoff）的說法：領導人「要妥善管理混亂」[29]，而不是努力畫出井然有序版的世界——這種世界是不存在的。不妨想想不同領導人如何因應新冠肺炎疫情高峰。紐西蘭總理潔辛達．阿爾登讓國人了解挑戰的本質和嚴重程度，安定他們的心，一面進行「保持社交距離」的變通方案，一面培養社會凝聚力。[30]反觀巴西總統雅伊．波索納洛則企圖裝作什麼都沒發生，拒絕承認混亂，更別說管理混亂了。[31]他自我吹捧式的領導風格不僅嚴重損害創造力和適於變通思維的環境，更奪走成千上萬條人命。

團隊合作，或缺乏團隊合作

一個組織是否適於變通思維，並非由領導人和高層決定，而是常取決於工作場所的互動。但不在高位者常覺得自己身上的束縛重重：主管不接受他們大膽的構想、公司太看重收入和生計、同事心裡只有朝九晚五的打卡生活……所幸，變通思維**未必**需要他人共襄盛舉。如果讓他人加入，造成的影響力可能更大，但你也不會希望準合作者妨礙自己達成目標。以下我會提出幾個要點，讓你思考是否跟他人合作，以及如何合作。

和他人一起變通

與準變通夥伴共事的方法，可能和變通方案本身一樣多元。不過，我曾受惠於運用管理學家所謂的「強健行動」（robust action）[32]，利用它與來自不同組織背景的各行各業人士一起發想。

強健行動的核心原則呼應了貫穿這本書的主題：對於自己的問題，我們其實沒有那麼了解，短期的干預有助於之後的成長與探索。

強健行動有三種參與形式。沒有特定順序，你也可以加以組合。第一種是接觸多種觀點，並盡可能從不同的詮釋和觀察中學習。因為變通方案的靈感常來自接觸不同觀點，你可以特別探索組織外面的世界。多聽不同的聲音，包括你可能聽不慣的聲音。第二種是設計參與架構，提供平台（從社群媒體到面對面會議）

讓高異質性的參與者互動、分享、一同學習。第三種是考慮和他人一起試驗。投入不完整的構想、尋找互補，這會助你察覺新的機會。[33]

這種方法就算是一對一使用，也能得到第7章那些提示的好處，例如：你可以只寫電子郵件聯絡一些人，徵求意見。列出你正在思考的問題、略述可見的障礙和傳統解決方式，然後請他們提出變通的想法，開啟對話。

如果你身在組織，或許可以辦研討會。根據主辦這類集會的經驗，我很樂意告訴你：這些聚會不需要什麼指導，只需要解釋四種變通方案，提出一、兩個提示來讓參與者思考特定的挑戰，無論是個人或組織的問題，接著鼓勵大家發揮創造力、催生出「夠好」的回應，並允許眾人討論、分享、以不同角度思考。最後，請參與者依自己（或你的組織）的興趣或利益、可行性和潛在的衝擊來排定構想的優先順序。

不管他人，逕行變通

合作或許成果豐碩，但在會議室裡硬是徵詢每個人的意見，未必是明智之舉。事實上，如果你想要完成更多（或不一樣的）事情而不打擾其他同事，甚至拖延事項而不招致嚴重後果，變通之道也可以助你一臂之力。

如果你的思考夠有創意，就會找到機會在不打擾他人的情況下避開你的時間限制，比方說，用寄生方式搭他人便車；透過夠好的次佳方案、花最少心力達成部分任務；找出迂迴側進變通法，爭取額外時間來處理那份無聊的報告；鑽「一切符合規定」的漏洞，延後你的截止時限。

我曾遇過一個上司回電子郵件回得很不穩定，不時給我製造壓力，得猜想他能否及時傳給我資訊，也讓我花了不知多久時間尋思怎樣才能讓他更快回覆。他是以什麼順序回信的？他的優先順序是什麼？是從上面還是下面開始？身爲位階低的實習生，又習慣避免衝突，我覺得無力要求迅速的回覆。我請教其他與他共事過的同事，並慢慢蒐集有關他回覆電子郵件習慣的資訊，最後終於弄清楚了：

他是在清晨五點半左右發狂似地趕著回信，而且會從收件匣頂端最晚進來的電子郵件開始回，也會付出較多心力。

感謝這個資訊，我明白在白天工作時傳給他的郵件，基本上會掉到收件匣最下方。於是我做了新的嘗試：寫好電子郵件不要馬上寄出，改設定在凌晨傳送。我還會變換時間，這天在一點四十七分傳，另一天在兩點〇三分發送，以免主管起疑。第一個月，回覆率提升了六三%（我知道我算這種數學眞是奇葩）。我前主管仍以爲我是夜貓子，其實我早睡早起，在我的電子郵件進入他的收件匣之際，正享受我最好的快速動眼期睡眠。

有時我們會想要或需要避開其他人，而非跟他們合作。在某個情境何者爲必要或適當，由你決定。考量過種種因素後，我對電子郵件的焦慮變得微不足道。我們在職場面臨的日常障礙往往比這更糟，從同事惱人的習慣、高層強制執行的成文規範，到不成文的期望等等。運用變通思維，就可以按照你認爲合適的方式默默、巧妙地緩解這些挑戰。

要不要找別人？

就跟時裝一樣，不同的商業策略會蔚爲流行，也會退潮流。在不久的過去，如有創新案，企業會保密、不假外力、限制合作。近年來，企業開始接受較開放的創新策略，逐漸重視來自多樣化來源的投入，有時甚至和競爭對手合作。[34]他們不僅會找別人商量，還會在共同創造的過程中[35]積極找各類利益關係人參與。

合作有利也有弊。好處相當明顯：與他人合作能獲取更多資源、知識、經驗，以此做爲基礎。另一方面，合作也具有挑戰性與耗時。發覺及召募夥伴、主動聆聽、協調不同的目標、時程、行事風格，以及達成協議，這些全都是艱鉅的任務。

再者，團體決策未必是最好的決定。事實上，長久以來心理學家和行爲經濟學家皆指出，團體向來以避免衝突爲優先，這會導致過於相信大家都可接受但實則不佳的決定，心理學家稱此現象爲「團體迷思」。[36]

追求變通方案不代表非得爲了合作而費盡心思地找多方合作。一開始，你可能只想找幾個自己覺得可能貢獻技能或資源（包括熱忱）的人商量，而非組成一支規模龐大、投入巨資、需要管理和建立共識的團隊。隨著你的變通思維獲得認同、你的需求改變，自然就找得到具備不同本事的合作夥伴。

變通方案立竿見影、隨機應變，也夠好，而且它最重要的效益是讓你用非傳統的方式搞定事情。合作或許能促進變通，但靈活、彈性勝過合作。如果太過執著於團隊合作，或是一直反覆思考、不去測試新的構想，你或許還是想得出人人滿意的偉大解決方案，但這就不是用變通的態度達成的，最終也無法幫助你的組織變得更適於變通思維。

終曲

工作以外的變通思維

你準備試驗新的蛋糕食譜。準備原料時，你發現牛奶用完了——而且，糟糕，現在你沒辦法開車到沃爾瑪買牛奶。不過，冰箱裡有奶油，你可以加水稀釋一下，代替牛奶嗎？你一邊烤蛋糕、吃蛋糕，一邊搭你爸媽帳號的便車，狂刷Netflix。隔天早上你覺得比樹獺還懶，所以沒時間上健身房燃燒一些蛋糕卡路里，於是你提早一站下公車，多走一段路……

縱使未留意，變通方案已不時塑造你的日常生活。它們將就湊合地協助你應付混亂的生活，還讓你多試試其他方法代替司空見慣的行事方式，並自然而然使用有效的方法，忘卻行不通的方式。一旦有個變通方案獲得成功，你可能感覺這沒什麼，事情本來就該這麼做。

變通方案常默不作聲地發揮效用，使我們並未給它們應有的讚美。一次授課，在班上簡短介紹我的研究時，一名學生表示懷疑，不屑地說變通方案就像「點大麥克加健怡可樂」，彷彿這些努力都是徒勞，只能提供情感的慰藉，讓你覺得自己好像「做了什麼」，但眞正的問題仍未解決。

我必須給那名學生一些肯定：「大麥克加健怡可樂」頂多只是健康一點點的選擇，變通方案確實也不完美。但她的引喻失義了。這沒有考量到一點：我們太常以爲問題非常明確，認爲每一種問題只有一種解法。光是點熱量低一點點的速食能解決健康問題嗎？或許不能，但她歸諸的因素是個人飲食習慣不良，還是提供我們高度加工但不怎麼營養食物的複雜體系呢？何況，健康的定義爲何？「原始人飲食法」能永久解決一個人的健康問題嗎？社會的健康問題呢？

如果你追求的是身體健康，那瞄準的是一個不斷移動的飛靶。如果別再執著於一勞永逸的理想解決之道，改而聚焦於如何持續不斷、隨時調整、發揮想像力來解決問題，是比較好的做法——變通思維也許會開啓世界所需要的不斷變遷過程。

比較好的比喻是把變通思維當成解決偏頭痛看待。如果有過偏頭痛，你就知道就算不了解根本原因，也得解決症狀的重要性。這些干預措施或許不是最理想的解決之道，但「他媽的有用」，能迅速解決自己迫切的需求。反覆遭遇和因應同樣的挑戰就像處理偏頭痛，這或許能助你開啓察覺模式，發展更持久的解決辦法，包括一些起初完全意想不到的途徑。

你可能記得露絲·貝德·金斯堡是怎麼找到一項變通方案做爲起點，最後讓她和其他有志之士得以推翻一整個性別歧視的體制。你在讀〈PART 1〉的時候可能沒想到，她的變通方案也有助於闡明和重新評估不同的挑戰。金斯堡剛開始主張女權時，還沒仔細思索過性別認同或性取向等議題，但是她的變通方案卻讓性別表達和性別認同得以重新詮釋，之後在許多其他法律判決中改變了對歧視的理解。

像金斯堡這樣的變通方案，容許我們可以優雅又饒富創意地脫離拘束自己的腳本。正是透過脫離這樣的腳本，我們才能探究逐步推動深刻變革的替代方案，改變我們詮釋世界、評判世界，以及和世界互動的方式。

變通思維也允許我們撼動事物，尤其在覺得動彈不得的局面。這樣的展望適用於平凡的挑戰，但在我們觀察更複雜、充滿不確定的大規模社會問題時，會更加深刻。想想貧窮、氣候變遷、各種不平等。它們一直持續至今，是有理由的。決策者往往讓自己淹沒在複雜分析和官僚體制之中，使一些在談判桌上沒有一席之地的人感到無能爲力、受困於階層制度。

本書介紹的雜牌軍組織雖然欠缺資源、權力和資訊，卻看到一個生氣勃勃、充滿可能的世界。多虧他們，我才能了解簡單的變通思維可以怎麼幫助我們應付不確定的局面、緩和迫切的需求，甚至探索先前無人走過的路徑，前往更新、更好的地方。

致謝

寫完這本書時，我想起青春期的一段往事——想起我爸媽對我的興趣、價値觀和企望影響有多深。那時他們給我一張信用卡，以及一句叮嚀：「除了書和食物，其他都要先問才能買。」數十年後，我發現自己出版了一本書，還娶了糕點主廚爲妻！媽，這是佛洛伊德能夠解釋的嗎？

這條路上的每一步，我的伴侶Ju都是我的後盾。她讀了初稿、給我建議、幫我找案例，甚至在我覺得疲倦、牢騷滿腹時給予包容。非常感謝她的愛和鼓勵，感謝她陪我一起走過新的境域。

若非Steve Evans，這項研究就不會開始。在我安排和他的第一場會議時，以爲自己會遇到一位穿花呢西裝、講複雜行話的教授。結果他穿著工作短褲和一隻紅、一隻綠不成對的襪子來見我。此後他也一直啓發我、刺激我找出非傳統的並行現象。

寫這本書最大的樂趣就是有機會和幾位不可思議的人士共事、向他們學習。Max Brockman 從一開始就鼎力相助。他幫我把我得到布拉肯．鮑爾獎（Bracken Bower Prize）的論文改寫成書籍提案。他也幫我和 Will Schwalbe 搭上線，而我馬上發現，Will 跟這本書是天作之合。Will 助我琢磨想法、爲本書建立結構、提升書寫能力。自 Sam Zukergood 加入編輯團隊，我便可以仰賴她獨到的眼光、熱情，和不放過細節的傾向。我也要感謝 Maggie Carr 一絲不苟的文字編輯、感謝出版編輯 Morgan Mitchell 對細節的關注。另外，要是我沒有那份榮幸和 Andrea Brody-Barre 一起撰稿、向她學習，我的想法恐怕沒有人看得懂。

過去七年，我很幸運能從諸多來源獲得資金和機構支持，這對研究能夠完成至關重要——尤其是蓋茲劍橋獎學金、巴西的 CNPq、IBM 政府事務中心、桑坦德銀行、福特基金會、史科爾社會創業中心，以及牛津、杜倫、劍橋等大學。

過去三年 Marc Ventresca 和 Tyrone Pitsis 給我的忠告和絕不動搖的支持完全超乎我所期盼！在牛津，和多位同事的互動也讓我獲益匪淺，例如：Ronald Roy、Jeroen Bergmann、Malcolm McCulloch、Marya Besharov、Daniel Armanios、

Thomas Hellmann、Pinar Ozcan、Annabelle Gawer、Tom Lawrence、Richard Whittington、Peter Drobac、Zainab Kabba、Jessica Jacobson、Bronwyn Dugti，以及其他許多支持我研究的同事。

經由向各行各業人士請益討論，這項研究愈磨愈亮。有些人士是察覺雜牌軍組織或幫我牽線的關鍵，例如：Arthur Kux、Asiya Islam、Alice Musabende、Anil Gupta、Raghavendra Seshagiri、Arjun 及 Nikita Hari、Luis Claudio Caldas、Mariana Savaget、Ana Claudia Grossi、Eduardo Maciel 和 Lucia Corsini。另外還有其他人若非提升我的成果、協助詮釋資料，就是分享寶貴的意見，像是 Cassi Henderson、Tim Minshall、Frank Tietze、Mike Tennant、Thomas Roulet、Rob Phaal、Cansu Karabiyik、Courtney Froehlig、Susan Hart、Christos Tsinopoulos、Flavia Maximo、Curie Park、Catherine Tilley、Martin Geissdoerfer、Olamide Oguntoye、Kirsten Van Fossen、Thayla Zomer、Clara Aranda、Aline Khoury、Juliana Brito、Laura Waisbich、Flavia Carvalho、Tulio Chiarini、Ali Kharrazi、Gabriela Reis、Nisia Werneck、Ana Burcharth 和 Carlos Arruda。

由衷感激我待過機構裡的所有同事——（牛津大學）工程科學系、賽德商學院和伍斯特學院，以及許多幫助我實驗初期構想的學生。最後但絕非最不重要的，沒有賽門和珍·貝瑞，以及世界各地許多其他受訪者的知識，這項研究絕不可能完成，感謝他們對我開誠布公。希望這本書秉公呈現了他們的慷慨和機智。

參考文獻

作者的話

1 全球一百七十萬個未滿五歲死於腹瀉的孩子：UNICEF, "Diarrhoea—UNICEF Data," UNICEF Data, July 29, 2021,https://data.unicef.org/topic/child-health/diarrhoeal-disease/.

前言　無人探索的隨機變通法

1 讀到電腦駭客：James Verini, "The Great Cyberheist, "*The New York Times*, November 10, 2010, https://www.nytimes.com/2010/11/14 /magazine/14Hacker-t.html.

2 「只要有系統，就有……」：Paul Buchheit, "Applied Philosophy, A.k.a. 'Hacking,' " Blogspot.com, November 5, 2021, http://paulbuchheit.blogspot.com/2009/10/applied-philosophy-aka-hacking.html.

1 搭便車

1 低所得國家：For a definition of "low-income" economies, see the World Bank Atlas method. In the 2022 fiscal year, these were defined as those countries with a GNI per capita of $1,045 or less. Lower middle-income are those with a GNI per capita between $1,046 and $4,095; upper middle-income economies are those with a GNI per capita between $4,096 and $12,695; and high-income economies are those with a GNI per capita of $12,696 or more. For more information, see the World Bank, "World Bank Country and Lending Groups," Data World Bank, 2022, https://datahelpdesk.worldbank.org/knowledgebase/articles/906519-world-bank-country-and-lending-groups.

2 套用生物學術語：Jan Sapp, *Evolution by Association: A History of Symbiosis* (New York: Oxford University Press, 1994).

3 BBC 做專題報導：Peter Day, "ColaLife: Turning Profits into Healthy Babies,"

BBC News, July 22, 2013, https://www.bbc.co.uk/news/magazine-23348408.
4 根據美國疾病管制與預防中心的資料："Global Diarrhea Burden," Centers for Disease Control and Prevention, 2021, https://www.cdc.gov/healthywater/global/diarrhea-burden.html#one.
5 在兒童間的死亡率：Li Liu, Hope L. Johnson, Simon Cousens, Jamie Perin, Susana Scott, Joy E. Lawn, Igor Rudan, et al., "Global, Regional, and National Causes of Child Mortality: An Updated Systematic Analysis for 2010 with Time Trends Since 2000," *The Lancet* 379, no. 9832 (June 2012): 2151–61, https://doi.org/10.1016/s0140-6736(12)60560-1.
6 公部門對腹傳染病的回應：World Health Organization and UNICEF, "Diarrhoea: Why Children Are Still Dying and What Can Be Done," 2009, http: //apps.who.int/iris/bitstream/handle/10665/44174/9789241598415_eng.pdf;jsessionid=2DE9081A5630B2F287B434D374E9F218?sequence=1.
7 只有五〇％的農村人家：Ministry of Health, Republic of Zambia, "National Health Strategic Plan 2011–2015," December 2011.
8 改善基礎建設，比如：Rohit Ramchandani, "Emulating Commercial, Private-Sector Value-Chains to Improve Access to ORS and Zinc in Rural Zambia: Evaluation of the ColaLife Trial," PhD diss., Johns Hopkins Bloomberg School of Public Health, 2016, https://jscholarship.library.jhu.edu/bitstream/handle/1774.2/39229/RAMCHANDANI-DISSERTATION-2016.pdf.
9 只有五十九間藥局：Dalberg Global Development Advisors and MIT-Zaragoza International Logistics Program, "The Private Sector's Role in Health Supply Chains: Review of the Role and Potential for Private Sector Engagement in Developing Country Health Supply Chains," October 2008, https://healthmarketinnovations.org/sites/default/files/Private Sector Role in Supply Chains.pdf.
10 BBC撰文報導：Simon Berry, "A Video of the Full Interview with iPM," ColaLife, July 5, 2008, https://www.colalife.org/2008/07/05/a-video-of-the-full-interview-with-ipm/.
11 合併療法攝取率：Ramchandani, "Emulating Commercial, Private-SectorValue-Chains."
12 使用率：Simon Berry, Jane Berry, and Rohit Ramchandani, "We've Got Designs on Change: 1—Findings from Our Endline Household Survey (KYTS-ACE)," ColaLife, March 31, 2018, https://www.colalife.org/2018/03/31/weve-got-designs-on-change-1-findings-from-our-endline-household-survey-kyts-ace/.
13 蒐集的資料：ColaLife, "The Case for Co-Packaging of ORS and Zinc," ColaLife,

December 4, 2015, https://www.colalife.org/co-pack/.

14 世界衛生組織的「必要藥品清單」：World Health Organization, "WHO Model Lists of Essential Medicines," accessed April 2020, https://www.who.int/groups/expert-committee-on-selection-and-use-of-essential-medicines/essential-medicines-lists.

15 說服各國政府採用：Simon Berry, "The ColaLife Playbook Launches Today (28-Oct-20)," ColaLife, October 28, 2020, https://www .colalife.org/2020/10/28/the-colalife-playbook-launches-today-28-oct-20/.

16 擁有電視的人口：Christopher H. Sterling and John Michael Kittross, *Stay Tuned: A Concise History of American Broadcasting* (Belmont, Calif.: Wadsworth, 1990).

17 比起沒有電視的人家，他們擁有：Deborah L. Jaramillo, "The Rise and Fall of the Television Broadcasters Association, 1943–1951," *Journal of E-Media Studies* 5, no. 1 (2016), https://doi.org/10.1349/PS1.1938-6060.A.459.

18 電視廣告營收：William H. Young and Nancy K. Young, *The 1930s* (American Popular Culture Through History) (Westport, Conn.: Greenwood Press, 2002).

19 按照 NAB 規定，唯一可共享：Frank Orme, "The Television Code," *The Quarterly of Film Radio and Television* 6, no. 4 (July 1, 1952): 404–13, https://doi.org/10.2307/1209951.

20 班叔叔的「米飯」和 M&M's 開創了：John A. Martilla and Donald L. Thompson, "The Perceived Effects of Piggyback Television Commercials," *Journal of Marketing Research* 3, no. 4 (November 1966): 365–71, https://doi.org/10.1177/002224376600300404.

21 「只溶你口，不溶你手」：Alison Alexander, Louise M. Benjamin, Keisha Hoerrner, and Darrell Roe, " 'We'll Be Back in a Moment': A Content Analysis of Advertisements in Children's Television in the 1950s," *Journal of Advertising* 27, no. 3 (May 31, 2013): 1–9, https://doi.org/10.1080/00913367.1998.10673558.

22 共享時段的十年後：Alexander, Benjamin, Hoerrner, and Roe, " 'We'll Be Back in a Moment.' "

23 包括的製造商：John M. Lee, "Advertising: Piggyback Commercial Fight," The *New York Times*, January 8, 1964, https://www.nytimes.com/1964/01/08/archives/advertising-piggyback-commercial-fight.html.

24 美國傳統電視廣告支出仍在增長：Brandon Katz, "Digital Ad Spending Will Surpass TV Spending for the First Time in US History," *Forbes*, September 14, 2016, https://www.forbes.com/sites/brandonkatz/2016/09/14/digital-ad-spending-will-surpass-tv-spending-for-the-first-time-in-u-s-history/?sh=64479e1b4207.

25 但電視聯播網：Nielsen, "The Nielsen Comparable Metrics Report: Q4 2016,"

https://www.nielsen.com/wp-content/uploads/sites/3/2019/04/q4–2016-comparable-metrics-report.pdf.

26 「一停電……沒其他事情可做了。」：Angela Watercutter, "How Oreo Won the Marketing Super Bowl with a Timely Blackout Ad on Twitter," *Wired*, February 4, 2013, https://www.wired.com/2013/02/oreo-twitter-super-bowl/.

27 那幾張挑逗的海報：Jess Denham, "Sponge-bob Squarepants Film Posters Spoof Fifty Shades of Grey Movie and Jurassic World," *The Independent*, February 2, 2015, https://www.independent.co.uk/arts-entertainment/films/news/spongebob-squarepants-movie-posters-spoof-fifty-shades-grey-and-jurassic-world-10018046.html.

28 百事可樂的廣告影片：Daniel Victor, "Pepsi Pulls Ad Accused of Trivializing Black Lives Matter," *The New York Times*, April 5, 2017, https://www.nytimes.com/2017/04/05/business/kendall-jenner-pepsi-ad.html.

29 美國服飾的腦殘廣告：Steve Olenski, "American Apparel's Hurricane Sandy Sale—Brilliant or Boneheaded?," *Forbes*, October 31, 2012, https://www.forbes.com/sites/marketshare/2012/10/31/american-apparels-hurricane-sandy-sale-brilliant-or-boneheaded/?sh=754d930e5d75.

30 Airbnb 上的房主建立房源單：Morgan Brown, "The Making of Airbnb," *Boston Hospitality Review* 4, no. 1 (2016).

31 全球人口約有九%長期營養不良：Max Roser and Hannah Ritchie, "Hunger and Undernourishment," *Our World in Data*, October 8, 2019, https://ourworldindata.org/hunger-and-undernourishment.

32 根據世界衛生組織的資料：World Health Organization, "Assessment of Iodine Deficiency Disorders and Monitoring Their Elimination: A Guide for Programme Managers," 3rd ed., 2007, World Health Organization, http://apps.who.int/iris/bitstream/handle/10665/43781/9789241595827_eng.pdf?sequence=1.

33 約有七・四億人口患甲狀腺腫大：World Health Organization, "Goitre as a Determinant of the Prevalence and Severity of Iodine Deficiency Disorders in Populations," Vitamin and Mineral Nutrition Information System, 2014, https://apps.who.int/iris/bitstream/handle/10665/133706/WHO_NMH_NHD_EPG_14.5_eng.pdf?sequence=1&isAllowed=y.

34 一九二四年：R. M. Olin, "Iodine Deficiency and Prevalence of Simple Goiter in Michigan," *Public Health Reports* (1896–1970) 39, no. 26 (June 24, 1924): 1568–71, http://www.jstor.org/stable/4577210.

35 到一九三〇年代：Data from two articles: David Bishai and Ritu Nabubola, "The History of Food Fortification in the United States: Its Relevance for Current

Fortification Efforts in Developing Countries," *Economic Development and Cultural Change* 51, no. 1 (October 2002), https://doi.org/10.1086/345361; and Jeffrey R. Backstrand, "The History and Future of Food Fortification in the United States: A Public Health Perspective," *Nutrition Reviews* 60, no. 1 (January 1, 2002): 15–26, https://doi.org/10.1301/002966402760240390.

36 聯合國兒童基金會估計，全球：UNICEF, "Iodine," https://data.unicef.org/topic/nutrition/iodine/.

37 一九九〇年代，智利：Data from two articles: Gail G. Harrison, "Public Health Interventions to Combat Micronutrient Deficiencies," *Public Health Reviews* 32, no. 1 (June 2, 2010): 256–66, https://doi.org/10.1007/bf03391601; and Eva Hertrampf and Fanny Cortes, "Folic Acid Fortification of Wheat Flour: Chile," *Nutrition Reviews* 62, no. 1 (June 2004): S44–48, https://doi.org/10.1111/j.1753-4887.2004.tb00074.x.

38 一項隨機試驗：T. H. Tulchinsky, D. Nitzan Kaluski, and E. M. Berry, "Food Fortification and Risk Group Supplementation Are Vital Parts of a Comprehensive Nutrition Policy for Prevention of Chronic Diseases," *European Journal of Public Health* 14, no. 3 (September 1, 2004): 226–28, https://doi.org/10.1093/eurpub/14.3.226.

39 指導方針：World Health Organization and Food and Agriculture Organization of the United Nations, *Guidelines on Food Fortification with Micronutrients*, eds. Lindsay Allen, Bruno de Benoist, Omar Dary, and Richard Hurrell (WHO, 2006).

40 根據全球營養改善聯盟的資料：Sharada Keats, "Let's Close the Gaps on Food Fortification—for Better Nutrition," Global Nutrition Report, January 28, 2019, https://globalnutritionreport.org /blog/lets-close-the-gaps-on-food-fortification-for-better-nutrition/.

41 二〇一〇年一項研究評估：Victor Fulgoni and Rita Buckley, "The Contribution of Fortified Ready-to-Eat Cereal to Vitamin and Mineral Intake in the US Population, NHANES 2007–2010," *Nutrients* 7, no. 6 (May 25, 2015): 3949–58, https://doi.org/10.3390/nu7063949.

42 雀巢公司從二〇〇九年開始：A Nestlé, "Nestlé in Society: Creating Shared Value and Meeting Our Commitments 2017," 2017, https://www.nestle.com/sites/default/files/asset-library/documents/library/documents/corporate_social_responsibility/nestle-csv-full-report-2017-en.pdf.

43 M-Pesa 的故事：For more information, see these articles and case studies: Nick Hughes and Susie Lonie, "M-PESA: Mobile Money for the 'Unbanked' Turning Cellphones into 24-Hour Tellers in Kenya," *Innovations: Technology, Governance,*

Globalization 2, no. 1–2 (April 2007): 63–81, https://doi.org/10.1162/itgg.2007.2.1-2.63; Tavneet Suri and William Jack, "The Long-Run Poverty and Gender Impacts of Mobile Money," *Science* 354, no. 6317 (December 9, 2016): 1288–92, https://doi.org/10.1126/science.aah5309; Isaac Mbiti and David Weil, "Mobile Banking: The Impact of M-Pesa in Kenya," in *African Successes, Volume III: Modernization and Development*, eds. Sebastian Edwards, Simon Johnson, and David N. Weil (Chicago: University of Chicago Press, 2016), 247–93; and Benjamin Ngugi, Matthew Pelowski, and Javier Gordon Ogembo, "M-Pesa: A Case Study of the Critical Early Adopters' Role in the Rapid Adoption of Mobile Money Banking in Kenya," *The Electronic Journal of Information Systems in Developing Countries* 43, no. 1 (September 2010): 1–16, https://doi.org/10.1002/j.1681-4835.2010.tb00307.x.

44 DfID會補助兩千萬美元：Lisa Duke and Rajesh Chandy, "M-Pesa & Nick Hughes," CS-11-010, London Business School, August 2018, https://publishing.london.edu/cases/m-pesa-nick-hughes/.

45 二〇〇五年，肯亞有八成就業人口是在灰色經濟產業：Kenya National Bureau of Statistics, "Economic Survey 2005," 2005, https://www.knbs.or.ke/?wpdmpro=economic-survey-2005-3.

46 全國有七成人口住在偏遠地區：World Bank, "Rural Population (% of Total Population)," Data World Bank, 2018, https://data.worldbank.org/indicator/SP.RUR.TOTL.ZS.

47 肯亞仍有八成人口沒有銀行戶頭：E. Totolo, F. Gwer, and J. Odero, "The Price of Being Banked," FSD Kenya, August 2017, https://www.fsdkenya.org/blogs-publications/publications/the-price-of-being-banked-2/.

48 每年起碼要：Kenya National Bureau of Statistics, "Economic Survey 2005."

49 上市不到兩年：Michael Joseph, "FY 2008/2009 Annual Results Presentation & Investor Update," Safaricom, 2009, https://www.safaricom.co.ke/images/Investorrelation/2008-2009_results_announcement_and_investor_update.pdf.

50 據估計，上市：Vodafone, "M-PESA," Vodafone.com, accessed April 2020, https://www.vodafone.com/about-vodafone/what-we-do/consumer-products-and-services/m-pesa.

51 在BBC讀到：Will Smale, "The Mistake That Led to a £1.2bn Business," *BBC News*, January 28, 2019, https://www.bbc.com/news/business-46985443.

52 他開始和朋友：See these two articles: Wise, "The Wise Story," accessed April 2020, https://wise.com/gb/about/our-story; and PwC, "Downright Disruptive Technology—We Meet TransferWise Co-Founder Kristo Käärmann," *Fast*

Growth Companies (blog), April 25, 2014, https://pwc.blogs.com/fast_growth_companies/2014/04/downright-disruptive-technology-we-meet-transferwise-co-founder-kristo-k%C3%A4%C3%A4rmann.html.

53 它提供實質匯率：See these two sources: Jordan Bishop, "TransferWise Review: The Future of International Money Transfers Is Here," *Forbes*, November 29, 2017, https://www.forbes.com/sites/bishopjordan/2017/11/29/transferwise-review/?sh=34e4584419f0; and Wise, "Our Mission to Zero Fees—an Update," Wise News, October 23, 2017, https://wise.com/gb/blog/transferwise-drops-price-from-uk.

54 桑坦德銀行的內部備忘錄：Patrick Collinson, "Revealed: The Huge Profits Earned by Big Banks on Overseas Money Transfers," *The Guardian*, April 8, 2017, https://www.theguardian.com/money/2017/apr/08/leaked-santander-international-money-transfers-transferwise.

55 創立近十年後：Wise (formerly TransferWise), "Annual Report and Consolidated Financial Statements for the Year Ended 31 March 2019," 2019.

56 二〇二〇年，TransferWise 的市值：Reuters Staff, "TransferWise Completes $319 Million Secondary Share Sale at a $5 Billion Valuation," Reuters, July 28, 2020, https://www.reuters.com/article/transferwise-funding-idUSL2N2EZ18V.

2 鑽漏洞

1 那一年，巴西信用卡債務：G1 Globo, "Brasil Tem Maior Juro do Cartão Entre Países da América Latina, Diz Proteste," *G1 Economia*, July 17, 2012, http://g1.globo.com/economia/seu-dinheiro/noticia/2012/07/brasil-tem-maior-juro-do-cartao-entre-paises-da-america-latina-diz-proteste.html.

2 收取的利率更高達八七五%：Pedro Peduzzi, "Juros Anuais do Cartão de Crédito Chegam a Até 875%," *Agência Brasil*, March 14, 2021, https://agenciabrasil.ebc.com.br/economia/noticia/2021-03/juros-anuais-do-cartao-de-credito-chegam-ate-875.

3 拉丁美洲利率第二高的國家是祕魯：Banco Central de Reserva del Perú Gerencia Central de Estudios Económicos, "Tasas de Interés," BCRPData, accessed April 2020, https://estadisticas.bcrp.gob.pe/estadisticas/series/mensuales/tasas-de-interes.

4 就算是可溯至西元前一七五五到五〇年巴比倫時代的《漢摩拉比法典》：Robert P. Maloney, "Usury and Restrictions on Interest-Taking in the Ancient Near East," *Catholic Biblical Quarterly* 36, no. 1 (January 1974): 1–20, https://www.jstor.

org/stable/43713641.

5 莎士比亞《威尼斯商人》：William Shakespeare, *The Merchant of Venice*, ed. Laura Hutchings (Harlow, Essex, UK: Longman, 1994).

6 開曼群島上的境外公司比人還多：Jacques Peretti, "The Cayman Islands—Home to 100,000 Companies and the £8.50 Packet of Fish Fingers," *The Guardian*, January 18, 2016, https://www.theguardian.com/us-news/2016/jan/18/the-cayman-islands-home-to-100000-companies-and-the-850-packet-of-fish-fingers.

7 德國共產黨員阿圖爾·埃韋特的辯護案：Amelia Coutinho, "Arthur Ernst Ewert," in *Centro de Pesquisa e Documentação de História Contemporânea do Brasil*, Fundação Getulio Vargas (FGV), accessed April 2020, http://www.fgv.br/cpdoc/acervo/dicionarios/verbete-biografico/arthur-ernst-ewert.

8 當律師索布拉爾·平托答應替埃韋特辯護時：Daniel M. Neves, "Como Se Defende um Comunista: uma Análise Retórico-Discursiva da Defesa Judicial de Harry Berger por Sobral Pinto," MSc Thesis, Universidade Federal de São João del-Rei, 2013, https://ufsj.edu.br/portal2-repositorio/File/mestletras/Daniel_Monteiro_Neves.pdf.

9 該法規定住在國內所有的動物：Presidência da República Casa Civil Subchefia para Assuntos Jurídicos (Brazil), "Decreto No 24.645, de 10 de Julho de 1934," accessed April 2020, http://www.planalto.gov.br/ccivil_03/decreto/1930-1949/D24645impressao.htm.

10 平托說，拿埃韋特監禁的環境和法律：See these two sources: Gabriel Giorgi, "El Animal Comunista," Hemispheric Institute, accessed April 2020, https://hemisphericinstitute.org/en/emisferica-101/10-1-dossier/el-animal-comunista.htm; and Neves, "Como Se Defende um Comunista."

11 馬爾他遲至二〇一一年才允許離婚：Jake Wallis Simons, "Malta: Moment of Decision on Divorce," *The Guardian*, May 28, 2011, https://www.theguardian.com/lifeandstyle/2011/may/28/malta-divorce-referendum.

12 智利在二〇〇四年：Daniela Horvitz Lennon, "Family Law in Chile: Overview," Thomsom Reuters Practical Law, 2020, https://uk.practicallaw.thomsonreuters.com/9-568-3568?transitionType=Default&contextData=(sc.Default)&first-Page=true.

13 愛爾蘭在一九九七年：Rachael O'Connor, "On This Day in 1997, Ireland's Controversial Divorce Laws Came into Effect," *The Irish Post*, February 27, 2020, https://www.irishpost.com/news/day-1997-irelands-controversial-divorce-laws-came-effect-180563.

14 阿根廷在一九八七年：Randall Hackley, "Divorce Is Now Legal in Argentina But,

So Far, Few Couples Have Taken the Break," *Los Angeles Times*, July 12, 1987, https://www.latimes.com/archives/la-xpm-1987-07-12-mn-3473-story.html.

15 巴西在一九七七年："Brazilian President Approves Bill Allowing Limited Right to Divorce," *The New York Times*, December 27, 1977, https://www.nytimes.com/1977/12/27/archives/brazilian-president-approves-bill-allowing-limited-right-to-divorce.html.

16 加州率先在一九六九年准許無過失離婚：Herma Hill Kay, "An Appraisal of California's No-Fault Divorce Law," *California Law Review* 75, no. 1 (1987): 291–319, https://doi.org/10.2307/3480581.

17 紐約則遲至二〇一〇年才同意：Post Staff Report, "NY Last State to Recognize 'No Fault' Divorce," *New York Post*, August 16, 2010, https://nypost.com/2010/08/16/ny-last-state-to-recognize-no-fault-divorce/.

18 有些國家會准予外國人合法：Wendy Paris, "Destination Divorces Are Turning Heartbreaks into Holidays," *Quartz*, April 9, 2015, https://qz.com/377785/destination-divorces-are-turning-heartbreaks-into-holidays/.

19 多數司法管轄地區會尊重在外國達成協議的法律事務：Rosenstiel v. Rosenstiel, 16 N.Y.2d 64, 262 N.Y.S.2d 86, 209 N.E. 2d 709 (N.Y. 1965), accessed April 2020, https://www.nycourts.gov/reporter/archives/rosenstiel.htm.

20 墨西哥成了理想國度："Mexican Divorce—a Survey," *Fordham Law Review* 33, no. 3 (1965), https://ir.lawnet.fordham.edu/cgi/viewcontent.cgi?article=1828&context=flr.

21 離婚證書甚至可透過郵購取得：Marshall Hail, "Divorce by Mail," *Vanity Fair*, August 6, 2000, https://www.vanityfair.com/culture/1934/03/increasing-divorce-rate.

22 光是美國就有大約五十萬對夫妻：Katie Cisneros, "Quickie Divorces Granted in Juárez," *Borderlands* 13 (1995), https://epcc.libguides.com/c.php?g=754275&p=5406181.

23 泰勒和艾迪・費雪："Domestic Relations: The Perils of Mexican Divorce," *Time*, December 27, 1963, https://web.archive.org/web/20110218145406/http://www.time.com/time/magazine/article/0%2C9171%2C870612%2C00.html.

24 瑪麗蓮・夢露和亞瑟・米勒："End of the Road for Monroe and Miller," *BBC News*, January 24, 1961, http://news.bbc.co.uk/onthisday/hi/dates/stories/january/24/newsid_4588000/4588212.stm.

25 寶蓮・高黛和查理・卓別林："Paulette Wins Separation from Charlie Chaplin," *The Deseret News*, June 5, 1942, https://news.google.com/newspapers?nid=336&dat=19420605&id=Bn0qAAAAIBAJ&sjid=plUEAAAAIBAJ&pg=3866,3989134&

hl=en.

26 在一九七七年以前，巴西人雖可正式和元配分居：Instituto Brasileiro de Direito de Família, "A Trajetória do Divórcio no Brasil: A Consolidação do Estado Democrático de Direito," Jusbrasil, July 8, 2010, https://ibdfam.jusbrasil.com.br/noticias/2273698/a-trajetoria-do-divorcio-no-brasil-a-consolidacao-do-estado-democratico-de-direito.

27 但只要越過邊界到玻利維亞或烏拉圭：See these two articles: Rose Saconi and Carlos Eduardo Entini, "Divórcio Acabou Com O Amor Fora da Lei," *Estadão*, November 30, 2012, http://m.acervo.estadao.com.br/noticias/acervo,divorcio-acabou-com-o-amor-fora-da-lei-,8617,0.htm; and Laura Capriglione, "Para Os Filhos, 'Casa' Substituiu 'Lar,' " *Folha de São Paulo*, June 24, 2007, https://www1.folha.uol.com.br/fsp/mais/fs2406200718.htm.

28 世界各地的夫妻不必離開母國就能結婚：See these two sources: Marvin M. Moore, "The Case for Marriage by Proxy," *Cleveland State Law Review* 11, no. 313 (1962), https://core.ac.uk/download/pdf/216938329.pdf; and John S. Bradway, "Legalizing Proxy Marriages," *University of Kansas City Law Review* 21 (1953): 111–26, accessed April 2020, https://core.ac.uk/download/pdf/62563802.pdf.

29 到現在：For more information on contemporary proxy weddings, see Alan Travis, "Immigration Inspector Warns of Rise in Proxy Marriage Misuse," *The Guardian*, June 19, 2014, https://www.theguardian.com/uk-news/2014/jun/19/immigration-proxy-marriage-misuse; and Jesse Klein, "Another Effect of Covid: Thousands of Double Proxy Weddings," *The New York Times*, December 15, 2020, https://www.nytimes.com/2020/12/15/fashion/weddings/another-effect-of-covid-thousands-of-double-proxy-weddings.html.

30 （二〇二一年，世界一九五個國家中有一六四國如此）：For an updated number, I suggest visiting the website of the Human Rights Campaign Foundation: https://www.hrc.org/resources/marriage-equality-around-the-world.

31 第一個將同性婚姻合法化的立法：Government of the Netherlands, "Same-Sex Marriage," Marriage, Registered Partnership and Cohabitation Agreements, accessed April 2020, https://www.government.nl/topics/marriage-cohabitation-agreement-registered-partnership/marriage-registered-partnership-and-cohabitation-agreements/same-sex-marriage.

32 此後許多國家：Rosie Perper, "Countries Around the World Where Same-Sex Marriage Is Legal," *Business Insider*, May 28, 2020, https://www.businessinsider.com/where-is-same-sex-marriage-legal-world-2017-11?r=US&IR=T.

33 在以色列："World of Weddings: Same-Sex Couples in Israel Find Legal Loophole

to Recognize Marriages," *CBS News*, December 5, 2019, https://www.cbsnews.com/news/world-of-weddings-israel-same-sex-couples-find-legal-loophole-to-recognize-marriages/.

34 儘管以色列准予同性伴侶：Aeyal Gross, "Why Gay Marriage Isn't Coming to Israel Any Time Soon," *Haaretz*, June 30, 2015, https://www.haaretz.com/opinion/.premium-gay-marriage-unlikely-in-israel-1.5374568.

35 但就算在俄羅斯：For more information, see these two articles: Olga A. Gulevich, Evgeny N. Osin, Nadezhda A. Isaenko, and Lilia M. Brainis, "Scrutinizing Homophobia: A Model of Perception of Homosexuals in Russia," *Journal of Homosexuality* 65, no. 13 (November 21, 2017): 1838–66, https://doi.org/10.1080/00918369.2017.1391017; and Radzhana Buyantueva, "LGBT Rights Activism and Homophobia in Russia," *Journal of Homosexuality* 65, no. 4 (June 6, 2017): 456–83, https://doi.org/10.1080/00918369.2017.1320167.

36 該國法律規定：Catherine Heath, "Family Law in the Russian Federation: Overview," Thomson Reuters Practical Law, November 1, 2020, https://uk.practicallaw.thomsonreuters.com/4-569-5106?transitionType=Default&contextData=(sc.Default)&firstPage=true.

37 條文並未提到同性結婚不符資格：See these two articles: Lydia Smith, "Russia Recognises Same-Sex Marriage for First Time After Couple Finds Legal Loophole," *The Independent*, January 26, 2018, https://www.independent.co.uk/news/world/europe/russia-gay-marriage-samesex-couple-marriage-legal-loophole-lgbt-rights-a8180036.html; and Patrick Kelleher, "Russian Authorities 'Accidentally' Recognise Queer Couple's Same-Sex Marriage Thanks to a Legal Loophole," *PinkNews*, June 23, 2020, https://www.pinknews.co.uk/2020/06/23/russia-same-sex-marriage-legal-loophole-family-code-tax-service-igor-kochetkov-fir-fyodorov/.

38 俄羅斯：Daria Litvinova, "Masked Men and Murder: Vigilantes Terrorise LGBT+ Russians," Reuters, September 24, 2019, https://www.reuters.com/article/russia-lgbt-crime-idUSL5N26A2IX.

39 波蘭：Lucy Ash, "Inside Poland's 'LGBT-Free Zones,' " *BBC News*, September 20, 2020, https://www.bbc.co.uk/news/stories-54191344.

40 烏干達：Amnesty International UK, "Uganda's New Anti-Human Rights Laws Aren't Just Punishing LGBTI People," Amnesty International UK, Issues, Free Speech, May 18, 2020, https://www.amnesty.org.uk/uganda-anti-homosexual-act-gay-law-free-speech.

41 摩洛哥：Human Rights Watch, "Morocco: Homophobic Response to Mob Attack," Human Rights Watch, July 15, 2015, https://www.hrw.org/news/2015/07/15/

morocco-homophobic-response-mob-attack#.
42 安全的墮胎：World Health Organization, "Preventing Unsafe Abortion," Evidence Brief, September 25, 2020, https://www.who.int/news-room/fact-sheets/detail/preventing-unsafe-abortion.
43 世界衛生組織的資料顯示：J. Bearak, A. Popinchalk, B. Ganatra, AB. Moller, Ö. Tunçalp, C. Beavin, L. Kwok, and L. Alkema, "Unintended Pregnancy and Abortion by Income, Region, and the Legal Status of Abortion: Estimates from a Comprehensive Model for 1990–2019," *Lancet Global Health* 8, no. 9 (September 2020): e1152–e1161, doi: 10.1016/S2214-109X(20)30315-6.
44 還有兩萬兩千人死於：Susheela Singh, Lisa Remez, Gilda Sedgh, Lorraine Kwok, and Tsuyoshi Onda, "Abortion Worldwide 2017: Uneven Progress and Unequal Access," Guttmacher Institute, March 2018, https://www.guttmacher.org/report/abortion-worldwide-2017.
45 在每年平均六千萬次墮胎中：Bela Ganatra, Caitlin Gerdts, Clémentine Rossier, Brooke Ronald Johnson, Özge Tunçalp, Anisa Assifi, Gilda Sedgh, et al., "Global, Regional, and Subregional Classification of Abortions by Safety, 2010–14: Estimates from a Bayesian Hierarchical Model," *The Lancet* 390, no. 10110 (November 2017): 2372–81, https://doi.org/10.1016/s0140-6736(17)31794-4.
46 只有三〇%的國家准許依孕婦請求：Vinod Mishra, Victor Gaigbe-Togbe, and Julia Ferre, "Abortion Policies and Reproductive Health Around the World," United Nations, Department of Economic and Social Affairs, Population Division, 2014, https://www.un.org/en/development/desa/population/publications/pdf/policy/AbortionPoliciesReproductiveHealth.pdf.
47 龔佩慈問綠色和平的船長：The Vessel, written and directed by Diana Whitten, Sovereignty Productions, 2014, film, https://vesselthefilm.com/.
48 當船隻位於公海："United Nations Convention on the Law of the Sea," UN Publication Sales no. *E.83.V.5*, 1983, https://www.un.org/depts/los/convention_agreements/texts/unclos/unclos_e.pdf.
49 若合併使用，這些藥錠：Mary Gatter, Kelly Cleland, and Deborah L. Nucatola, "Efficacy and Safety of Medical Abortion Using Mifepristone and Buccal Misoprostol Through 63 Days," *Contraception* 91, no. 4 (2015): 269–73, https://doi.org/10.1016/j.contraception.2015.01.005.
50 當政府向某通訊服務商索取用戶資料：Kat Eschner, "The Story of the Real Canary in the Coal Mine," *Smithsonian Magazine*, December 30, 2016, https://www.smithsonianmag.com/smart-news/story-real-canary-coal-mine-180961570/.
51 透過「令狀金絲雀」：Canary Watch, "About Canary Watch," Canarywatch.org,

accessed April 2020, https://canarywatch.org/about.html.

52 根據美國言論自由法："What Is a Warrant Canary?," *BBC News*, April 5, 2016, https://www.bbc.co.uk/news/technology-35969735.

53 Reddit 的例子：Sarah E. Needleman, "Reddit's Valuation Doubles to $6 Billion After Funding Round," *The Wall Street Journal*, February 8, 2021, https://www.wsj.com/articles/reddits-valuation-doubles-to-6-billion-after-funding-round-11612833205.

54 到二〇一四年：Joon Ian Wong, "Reddit's Big Hint That the Government Is Watching You Is a Missing 'Warrant Canary,' " *Quartz*, April 1, 2016, https://qz.com/652570/no-more-warrant-canary-reddits-big-hint-that-it-got-a-secret-surveillance-order/.

55 史沃茲是鼎鼎大名的：John Schwartz, "Internet Activist, a Creator of RSS, Is Dead at 26, Apparently a Suicide," *The New York Times*, January 12, 2013, https://www.nytimes.com/2013/01/13/technology/aaron-swartz-internet-activist-dies-at-26.html.

56 井字標籤 #icanhazpdf：Adam G. Dunn, Enrico Coiera, and Kenneth D. Mandl, "Is Biblioleaks Inevitable?," *Journal of Medical Internet Research* 16, no. 4 (April 22, 2014): e112, https://doi.org/10.2196/jmir.3331.

57 馬拉尼昂州約有半數人口：Instituto Brasileiro de Geografia e Estatística, "Portal do IBGE," accessed April 2020, https://www.ibge.gov.br/.

58 在疫情爆發初期：João Paulo Charleaux, "A Diplomacia Paralela da Compra de Respiradores Pelo Maranhão," *Nexo Jornal*, April 21, 2020, https://www.nexojornal.com.br/expresso/2020/04/21/A-diplomacia-paralela-da-compra-de-respiradores-pelo-Maranh%C3%A3o.

59 之後當地的商人爲了能迅速爲公立醫院採購呼吸器："Maranhão Comprou da China, Mandou Para Etiópia e Driblou Governo Federal Para Ter Respiradores," *Folha de São Paulo*, April 16, 2020, https://www1.folha.uol.com.br/colunas/painel/2020/04/maranhao-comprou-da-china-mandou-para-etiopia-e-driblou-governo-federal-para-ter-respiradores.shtml?utm_source=twitter&utm_medium=social&utm_campaign=comptw.

60 請商人不要捐錢給政府：For more information, see Charleaux, "A Diplomacia Paralela da Compra de Respiradores Pelo Maranhão," and "Maranhão Comprou da China."

61 這個軼事闡明了：Charles Piller, "An Anarchist Is Teaching Patients to Make Their Own Medications," *Scientific American*, October 13, 2017, https://www.scientificamerican.com/article/an-anarchist-is-teaching-patients-to-make-their-own-

medications/.
62 該公司連連漲價來提高利潤：Jana Kasperkevic and Amanda Holpuch, "EpiPen CEO Hiked Prices on Two Dozen Products and Got a 671% Pay Raise," *The Guardian*, August 24, 2016, https://www.theguardian.com/business/2016/aug/24/epipen-ceo-hiked-prices-heather-bresch-mylan.
63 二〇一七年，十二週的索華迪療程：Olga Khazan, "The True Cost of an Expensive Medication," *The Atlantic*, September 25, 2015, https://www.theatlantic.com/health/archive/2015/09/an-expensive-medications-human-cost/407299/.
64 《巴塞爾國際公約》目的在："1989 Basel Convention on the Control of Transboundary Movements of Hazardous Wastes and Their Disposal," *Journal of Environmental Law* 1, no. 2 (1989): 255–77, https://doi.org/10.1093/jel/1.2.255.
65 但三十多年後：Nikita Shukla, "How the Basel Convention Has Harmed Developing Countries," Earth.org, March 30, 2020, https://earth.org/how-the-basel-convention-has-harmed-developing-countries/.
66 將他們的電子廢棄物傾倒在：Peter Yeung, "The Toxic Effects of Electronic Waste in Accra, Ghana," Bloomberg CitiLab Environment, May 29, 2019, https://www.bloomberg.com/news/articles/2019-05-29/the-rich-world-s-electronic-waste-dumped-in-ghana.
67 至二〇一六年，全球人口已棄置：C. P. Baldé, V. Forti, V. Gray, R. Kuehr, and P. Stegmann, "The Global E-Waste Monitor 2017," Bonn/Geneva/Vienna: United Nations University, International Telecommunication Union (ITU) & International Solid Waste Association, 2017, https://collections.unu.edu/eserv/UNU:6341/Global-E-waste_Monitor_2017__electronic_single_pages_.pdf.
68 當綠色和平組織檢測：Kevin Brigden, Iryna Labunska, David Santillo, and Paul Johnston, "Chemical Contamination at E-Waste Recycling and Disposal Sites in Accra and Korforidua, Ghana," Greenpeace Research Laboratories, August 2008, http://www.greenpeace.to/publications/chemical-contamination-at-e-wa.pdf.
69 因爲這種嚴峻的生存環境：Clemens Höges, "How Europe's Discarded Computers Are Poisoning Africa's Kids," *Spiegel International*, December 4, 2009, https://www.spiegel.de/international/world/the-children-of-sodom-and-gomorrah-how-europe-s-discarded-computers-are-poisoning-africa-s-kids-a-665061.html.

3 迂迴側進

1 「我回到印度是因爲……」：Amit Madheshiya and Shirley Abraham, "Tiled

Gods Appear on Mumbai's Streets," Tasveer Ghar, a Digital Network of South Asian Popular Visual Culture, accessed April 2020, http://www.tasveergharindia.net/essay/tiled-gods-mumbai.html.

2 二〇一四年以前，印度仍有近半人家：Helen Regan and Manveena Suri, "Half of India Couldn't Access a Toilet 5 Years Ago. Modi Built 110M Latrines—But Will People Use Them?," CNN, October 6, 2019, https://edition.cnn.com/2019/10/05/asia/india-modi-open-defecation-free-intl-hnk-scli/index.html.

3 在 YouTube 貼了一段影片：The Clean Indian, "Pissing Tanker," video, YouTube, April 30, 2014, https://www.youtube.com/watch?v=aaEqZQXmx5M&ab_channel=TheCleanIndian.

4 一家總部設在印度的製造公司：Aur Dikhao, "#Dont LetHerGo-Kangana Ranaut, Amitabh Bachchan & More Bollywood Comes Together for 'Swachh Bharat,' " video, YouTube, August 10, 2016, https://www.youtube.com/watch?v=jezSduqsRjs&ab_channel=AurDikhao.

5 影片提醒約占該國人口八成的印度教信徒：Stephanie Kramer, "Key Findings About the Religious Composition of India," Pew Research Center, September 21, 2021, https://www.pewresearch.org/fact-tank/2021/09/21/key-findings-about-the-religious-composition-of-india/.

6 從系統思維的角度，更仔細地看看：For more information, see Donella H. Meadows, *Thinking in Systems: A Primer*, ed. Diana Wright (White River Junction, Vt.: Chelsea Green Publishing, 2008).

7 這首從一九一八到一九一九年美國兒童琅琅上口的童謠：Dan Barry and Caitlin Dickerson, "The Killer Flu of 1918: A Philadelphia Story," *The New York Times*, April 4, 2020, https://www.nytimes.com/2020/04/04/us/coronavirus-spanish-flu-philadelphia-pennsylvania.html.

8 西班牙流感，它引發全球性的災難：Cambridge University, "Spanish Flu: A Warning from History," film, YouTube, November 30, 2018.

9 費城，美國首屈一指的造船和煉鋼重鎮：Nina Strochlic and Riley D. Champine, "How Some Cities 'Flattened the Curve' During the 1918 Flu Pandemic," History and Culture, Coronavirus Coverage, *National Geographic*, March 27, 2020, https://www.nationalgeographic.com/history/article/how-cities-flattened-curve-1918-spanish-flu-pandemic-coronavirus.

10 爲什麼費城的災情如此慘重：Barry and Dickerson, "The Killer Flu of 1918."

11 二〇一八年，劍橋大學數學家茱莉亞・高格：Cambridge University, "Spanish Flu: A Warning from History."

12 美國喬治・布希總統曾授命制定：Eric Lipton and Jennifer Steinhauer, "The

Untold Story of the Birth of Social Distancing," *The New York Times*, April 22, 2020, https://www.nytimes.com/2020/04/22/us/politics/social-distancing-coronavirus.html.

13 英國風險管控手冊：Cabinet Office, National Security and Intelligence, and the Rt Hon Caroline Nokes, MP, "National Risk Register of Civil Emergencies—2017 Edition," Emergency Preparation, Response and Recovery, Government of the United Kingdom, September 14, 2017, https://www.gov.uk/government/publications/national-risk-register-of-civil-emergencies-2017-edition.

14 套用布希的話：Lipton and Steinhauer, "The Untold Story of the Birth of Social Distancing."

15 歐巴馬政府維持並精進了特別小組：Abigail Tracy, "How Trump Gutted Obama's Pandemic-Preparedness Systems," *Vanity Fair*, May 1, 2020, https://www.vanityfair.com/news/2020/05/trump-obama-coronavirus-pandemic-response.

16 寫下這個腳本的委員會：Lipton and Steinhauer, "The Untold Story of the Birth of Social Distancing."

17 格拉斯和同事用超級電腦進行模擬：Robert J. Glass, Laura M. Glass, Walter E. Beyeler, and H. Jason Min, "Targeted Social Distancing Designs for Pandemic Influenza," *Emerging Infectious Diseases* 12, no. 11 (November 1, 2006): 1671–81, https://doi.org/10.3201/eid1211.060255.

18 從十八億：US Department of Commerce, "Historical Estimates of World Population," United States Census Bureau, accessed April 2020, https://www.census.gov/data/tables/time-series/demo/international-programs/historical-est-worldpop.html.

19 成長到七十八億：US Department of Commerce, "US and World Population Clock," United States Census Bureau, accessed April 2020, https://www.census.gov/popclock/.

20 創新管理學者稱此爲「暗渡陳倉」：For more information, see Paola Criscuolo, Ammon Salter, and Anne L. J. Ter Wal, "Going Underground: Bootlegging and Individual Innovative Performance," *Organization Science* 25, no. 5 (October 2014): 1287–305, https://doi.org/10.1287/orsc.2013.0856; and Charalampos Mainemelis, "Stealing Fire: Creative Deviance in the Evolution of New Ideas," *Academy of Management Review* 35, no. 4 (October 2010): 558–78, https://doi.org/10.5465/amr.35.4.zok558.

21 據說「暗渡陳倉」曾造就一種較具耐受性：Felix Hoffmann wrote the story about his bootlegging motivation in a footnote in a German encyclopedia. This version has been disputed by others, who claim Hoffmann conducted this work under the direction of his colleague Arthur Eichengrün. For more information, see

these two sources: W. Sneader, "The Discovery of Aspirin: A Reappraisal," *BMJ* 321 (7276) (2000): 1591–94, doi:10.1136/bmj.321.7276.1591; and the Science History Institute webpage on Felix Hoffmann, https://www.sciencehistory.org/historical-profile/felix-hoffmann.

22 同公司的科學家克勞斯·格羅赫倫倫設計：Wolfgang Runge, *Technology Entrepreneurship: A Treatise on Entrepreneurs and Entrepreneurship for and in Technology Ventures* (Karlsruhe: Scientific Publishing, 1994).

23 成爲第一個獲FDA核准用來治療生物武器炭疽熱的藥物：Andrea Meyerhoff, Renata Albrecht, Joette M. Meyer, Peter Dionne, Karen Higgins, and Dianne Murphy, "US Food and Drug Administration Approval of Ciprofloxacin Hydrochloride for Management of Postexposure Inhalational Anthrax," *Clinical Infectious Diseases* 39, no. 3 (August 2004): 303–8, https://doi.org/10.1086/421491.

24 大衛·普克中止計畫的命令：George Andres, "Behind the Screen at Hewlett-Packard," *Forbes*, October 22, 2009, https://www.forbes.com/2009/10/21/hewlett-packard-hp-phenomenon-opinions-contributors-book-review-george-anders.html?sh=7c3abe7d7862.

25 電子業其他「暗渡陳倉」的創新：Claudia C. Michalik, *Innovatives Engagement: Eine empirische Untersuchung zum Phänomen des Bootlegging*, Deutscher Universität Verlag, Gabler edition (Wissenschaft, 2003).

26 創新管理研究已證實：For more information, see Criscuolo, Salter, and Ter Wal, "Going Underground," and Mainemelis, "Stealing Fire."

27 3M和惠普，還更進一步：For more information, see these sources: Paul D. Kretkowski, "The 15 Percent Solution," *Wired*, January 23, 1998, https://www.wired.com/1998/01/the-15-percent-solution/; and Ernest Gundling and Jerry I. Porras, *The 3M Way to Innovation: Balancing People and Profit* (Tokyo and New York: Kodansha International, 2000).

28 三千多年來："What Is India's Caste System?," *BBC News*, June 19, 2019, https://www.bbc.co.uk/news/world-asia-india-35650616.

29 在他們的宇宙觀中：Marcos Mondardo, "Insecurity Territorialities and Biopolitical Strategies of the Guarani and Kaiowá Indigenous Folk on Brazil's Borderland Strip with Paraguay," *L'Espace Politique* [online] 31, no. 2017–1 (April 18, 2017), https://doi.org/10.4000/espacepolitique.4203.

30 在一封用葡萄牙文寫成、張貼在臉書上的公開信中：Julia Dias Carneiro, "Carta Sobre 'Morte Coletiva" de Índios Gera Comoção e Incerteza," BBC Brasil, October 24, 2012, https://www.bbc.com/portuguese/noticias/2012/10/121024_indigenas_carta_coletiva_jc.

31 社運人士雅克・瑟文：Vincent Graff, "Meet the Yes Men Who Hoax the World," *The Guardian*, December 13, 2004, https://www.theguardian.com/media/2004/dec/13/mondaymediasection5.

32 在這裡，我們可以向傳說中的波斯王妃雪赫拉莎德學習：N. J. Dawood and William Harvey, *Tales from the Thousand and One Nights* (London: Penguin, 2003).

4 退而求其次

1 電子裝置的崛起：118 the rise of electrical devices . . . "were built right into our walls" International Electrotechnical Commission, "International Standardization of Electrical Plugs and Sockets for Domestic Use," IEC—Brief History, accessed April 2020, http://pubweb2.iec.ch/worldplugs/history.htm.

2 就算是美商巨擘 3M：Reuters Staff, "3M Doubles Production of Respirator Masks amid Coronavirus Outbreak," Reuters, March 20, 2020, https://www.reuters.com/article/us-health-coronavirus-3m-idUSKBN2172RP.

3 二〇二〇年三月：Leila Abboud, "Inside the Factory: How LVMH Met France's Call for Hand Sanitiser in 72 Hours," *Financial Times*, March 19, 2020, https://www.ft.com/content/e9c2bae4-6909-11ea-800d-da70cff6e4d3.

4 乾洗手液：Abboud, "Inside the Factory."

5 提奧・羅查創立了 CPCD：For more information, see the nonprofit's website: http://www.cpcd.org.br/.

6 羅查的教學法："Cada Ação Importa," Universo Online (UOL), November 24, 2019, https://www.uol.com.br/ecoa/reportagens-especiais/tiao-rocha/#cada-acao-importa.

7 九六・七％完成八年級學業："Tião Rocha e Araçuaí Sustentável," Centro Popular de Cultura e Desenvolvimento (CPCD), accessed April 2020, http://www.cpcd.org.br/portfolio/tiao-rocha-e-aracuai-sustentavel/.

8 根據國際刑警組織的資料：C. Nellemann and Interpol Environmental Crime Programme, eds., "Green Carbon, Black Trade: Illegal Logging, Tax Fraud and Laundering in the World's Tropical Forests," A Rapid Response Assessment, UN Environment Programme, GRID-Arendal (Birkeland, Norway: Birkeland Trykkeri AS, 2012).

9 「並非出於哪一種高科技解決方案，……」：Topher White, "What Can Save the Rainforest? Your Used Cell Phone," TEDX CERN talk, posted September 2014,

YouTube, March 15, 2015.
10 他明白在雨林最偏僻：White, "What Can Save the Rainforest? Your Used Cell Phone."
11 它也迅速擴展至五大洲十個國家：Cassandra Brooklyn, "Deep in the Rainforest, Old Phones Are Catching Illegal Loggers," *Wired*, February 17, 2021, https://www.wired.co.uk/article/ecuador-ai-logging-cellphones.
12 世界約有三分之一人口：World Health Organization and International Bank for Reconstruction and Development, "Tracking Universal Health Coverage: 2017 Global Monitoring Report," World Bank, 2017, https://documents1.worldbank.org/curated/en/640121513095868125/pdf/122029-WP-REVISED-PUBLIC.pdf.
13 只有約九%的各級道路有鋪設路面：World Bank, "Combined Project Information Documents / Integrated Safeguards Datasheet (PID/ISDS)," Lake Victoria Transport Program, April 3, 2017, https://documents1.worldbank.org/curated/en/319211491308886249/ITM00194-P160488-04-04-2017-1491308883264.docx.
14 它和盧安達政府合作：Zipline, "Put Autonomy to Work," accessed April 2020, https://flyzipline.com.
15 創建了將自主無人機：Jake Bright, "Africa Is Becoming a Testbed for Commercial Drone Services," *TechCrunch*, May 22, 2016, https://techcrunch.com/2016/05/22/africa-is-becoming-a-testbed-for-commercial-drone-services/.
16 使巴西的貪腐成本：Federação das Indústrias do Estado de São Paulo (FIESP), "Corrupção: Custos Econômicos e Propostas de Combate," DECOMTEC, March 2010.
17 威廉・吉布森指出：Cyberpunk (Intercon Production, 1990), documentary.
18 美國國家安全局：Stephen Levy, *Crypto: How the Code Rebels Beat the Government, Saving Privacy in the Digital Age* (New York: Viking Penguin, 2001).
19 在一九七六年論文〈密碼學的新方向〉：Whitfield Diffie and Martin E. Hellman, "New Directions in Cryptography," *IEEE Transactions on Information Theory* 22, no. 6 (November 1976), https://ee.stanford.edu/~hellman/publications/24.pdf.
20 他們的研究在當時極具爭議性：Steve Fyffe and Tom Abate, "Stanford Cryptography Pioneers Whitfield Diffie and Martin Hellman Win ACM 2015 A. M. Turing Award," *Stanford News*, March 1, 2016, https://news.stanford.edu/2016/03/01/turing-hellman-diffie-030116/.
21 隨著這種隱私權：Julian Assange, Jacob Appelbaum, Andy Müller-Maguhn, and Jérémie Zimmerman, *Cypherpunks: Freedom and the Future of the Internet* (New York and London: Or Books, 2012).

22 中本聰：Ying-Ying Hsieh, Jean-Philippe Vergne, Philip Anderson, Karim Lakhani, and Markus Reitzig, "Bitcoin and the Rise of Decentralized Autonomous Organizations," *Journal of Organization Design* 7, no. 1 (November 30, 2018), https://doi.org/10.1186/s41469 -018-0038-1.

23 加密龐克運動成員哈爾・芬尼：Andrea Peterson, "Hal Finney Received the First Bitcoin Transaction. Here's How He Describes It," *The Washington Post*, January 3, 2014, https://www.washingtonpost.com/news/the-switch/wp/2014/01/03/hal-finney-received-the-first-bitcoin-transaction-heres-how-he-describes-it/?noredirect=on.

24 佛羅里達一名男子：Michael del Castillo, "The Founder of Bitcoin Pizza Day Is Celebrating Today in the Perfect Way," *Forbes*, May 22, 2018, https://www.forbes.com/sites/michaeldelcastillo/2018/05/22/the-founder-of-bitcoin-pizza-day-is-celebrating-today-in-the-perfect-way/?sh=484dae5d9c45.

25 露絲到達女權法律的路徑：Lila Thulin, "The True Story of the Case Ruth Bader Ginsburg Argues in 'On the Basis of Sex,' " *Smithsonian Magazine*, December 24, 2018, https://www.smithsonianmag.com/history/true-story-case-center-basis-sex-180971110/.

26 莎拉・格利姆克："Sarah Grimke," Elizabeth A. Sackler Center for Feminist Art, Brooklyn Museum, accessed April 2020, https://www.brooklynmuseum.org/eascfa/dinner_party/heritage_floor/sarah_grimke.

27 一九六〇年代：Ruth Bader Ginsburg, interview by Wendy Webster Williams and Deborah James Merritt, April 10, 2009, transcript, Knowledge Bank, Ohio State University Libraries, Columbus, Ohio, https://kb.osu.edu/bitstream/handle/1811/71376/OSLJ_V70N4_0805.pdf.

28 在羅格斯：Thulin, "The True Story of the Case Ruth Bader Ginsburg Argues in 'On the Basis of Sex.' "

29 莫里茲是單身漢：Thulin, "The True Story of the Case Ruth Bader Ginsburg Argues in 'On the Basis of Sex.' "

30 金斯堡夫婦聯手研究這個案例：Charles E. Moritz and Commissioner of Internal Revenue, Moritz v. CIR, 469 F. 2d 466 (United States Court of Appeals, Tenth Circuit 1972).

31 露絲在說服美國公民自由聯盟執行長：Cary Frankling, "The Anti-Stereotyping Principle in Constitutional Sex Discrimination Law," *New York University Law Review* 85, no. 1 (April 14, 2010), https://ssrn.com/abstract=1589754.

32 金斯堡夫婦的整體策略是迂迴的：Franklin, "The Anti-Stereotyping Principle in Constitutional Sex Discrimination Law."

33 反方陣營的代表：Thulin, "The True Story of the Case Ruth Bader Ginsburg

Argues in 'On the Basis of Sex.' "

34 《法律女王》：directed by Mimi Leder (Focus Features, 2018), 2 hr.

35 珍・雪倫・德哈特說：Jane Sherron De Hart, *Ruth Bader Ginsburg: A Life* (New York: Alfred A. Knopf, 2018).

36 《瑞德訴瑞德案》：Reed v. Reed, 404 US 71 (1971), accessed April 2020, https://scholar.google.co.uk/scholar_case?case=9505211932515131375&hl=en&as_sdt=6&as_vis=1&oi=scholarr.

37 這個案件：Thulin, "The True Story of the Case Ruth Bader Ginsburg Argues in 'On the Basis of Sex.' "

38 厄文・葛利斯沃：Charles E. Moritz, Petitioner-appellant, v. Commissioner of Internal Revenue, Respondent-appellee, 469 F.2d 466 (10th Cir. 1972), accessed April 2020, https://library.menloschool.org/chicago/legal.

39 露絲在審判一年後所寫的文章中：Ruth Bader Ginsburg, "The Need for the Equal Rights Amendment," *American Bar Association Journal* 59, no. 9 (September 1973): 1013–19, https://www.jstor.org/stable/25726416.

5 變通的態度

1 佛洛伊德詳述人類天生具有傷害他人的傾向：Sigmund Freud, *Civilization and Its Discontents*, ed. James Strachey, trans. Joan Riviere (London: Hogarth Press, 1963).

2 「人在另一人的心目中和狼一樣。」：Thomas Hobbes, *On the Citizen*, ed. Richard Tuck and Michael Silverthorne (New York: Cambridge University Press, 1998).

3 一九六一年她爲《紐約客》報導阿道夫・艾希曼：Hannah Arendt, "Eichmann in Jerusalem—I," *The New Yorker*, February 8, 1963, https://www.newyorker.com/magazine/1963/02/16/eichmann-in-jerusalem-i.

4 她以此爲基礎出版了：Hannah Arendt, *Eichmann in Jerusalem: A Report on the Banality of Evil* (New York: Penguin, 1994).

5 鄂蘭主張：Arendt, "Eichmann in Jerusalem—I."

6 鄂蘭創造了：Judith Butler, "Hannah Arendt's Challenge to Adolf Eichmann," *The Guardian*, August 29, 2011, https://www.theguardian.com/commentisfree/2011/aug/29/hannah-arendt-adolf-eichmann-banality-of-evil.

7 米爾格蘭實驗：Stanley Milgram, "Behavioral Study of Obedience," *Journal of Abnormal and Social Psychology* 67, no. 4 (1963): 371–78, https://doi.org/10.1037/

h0040525.
8 規則包括官方命令：W. Richard Scott, *Institutions and Organizations*, 2nd ed. (Thousand Oaks, Calif.: Sage Publications, 2001).
9 皮耶・布赫迪厄所言：Pierre Bourdieu, *Outline of a Theory of Practice*, trans. Richard Nice (Cambridge: Cambridge University Press, 1977).
10 道格拉斯・諾斯：Douglass C. North, Institutions, *Institutional Change and Economic Performance* (Cambridge: Cambridge University Press, 1990).
11 雖然多數規則：Scott, *Institutions and Organizations*.
12 規則帶給我們認知的捷徑：Amos Tversky and Daniel Kahneman, "Judgment Under Uncertainty: Heuristics and Biases," *Science* 185, no. 4157 (September 27, 1974): 1124–31, https://doi.org/10.1126/science.185.4157.1124.
13 傅柯在著作《瘋癲與文明》中：Michel Foucault, *Madness and Civilization: A History of Insanity in the Age of Reason* (New York: Vintage Books, 1964).
14 小克倫農・金恩：Martin Luther King Jr., "To Governor James P. Coleman," June 7, 1958, accessed April 2020, http://okra.stanford.edu/transcription/document_images/Vol04Scans/419_7-June-1958_to James P Coleman.pdf.
15 傅柯提出的問題：Foucault, *Madness and Civilization*.
16 最富有的二十六個人："Public Good or Private Wealth?," Oxfam GB, January 2019, https://www.osservatoriodiritti.it/wp-content/uploads/2019/01/rapporto-oxfam-pdf.pdf.
17 他在《規訓與懲罰》書中探討：Michel Foucault, *Discipline and Punish* (Harmondsworth, UK: Penguin Books, 1979).
18 「我把他的肝拿來……」：The Silence of the Lambs The Silence of the Lambs, directed by Jonathan Demme (Orion Pictures, 1991), 1 hr., 58 min. This quote is a screenplay adaptation of Thomas Harris's 1988 novel, *The Silence of the Lambs*. The excerpt from the book says "a big amarone" instead of "a nice Chianti."
19 露絲・威爾遜・吉爾莫教授：Ruth Wilson Gilmore, *Golden Gulag: Prisons, Surplus, Crisis, and Opposition in Globalizing California* (Berkeley: University of California Press, 2007).
20 黑手黨、幫派和毒販：There are many studies on unlawful organizations. I suggest reading this book by Sudhir Venkatesh on his ethnography with drug dealers in Chicago: *Gang Leader for a Day: A Rogue Sociologist Takes to the Streets* (New York: Penguin Press, 2008).
21 隨著名聲敗壞："Lance Armstrong: USADA Report Labels Him 'a Serial Cheat,' " *BBC News*, October 11, 2012, https://www.bbc.co.uk/sport/cycling/19903716.
22 第一份作弊調查報告：William Bowers, *Student Dishonesty and Its Control in*

College (New York: Columbia University Press, 1964).

23 二〇〇五年《自然》期刊一篇研究：Meredith Wadman, "One in Three Scientists Confesses to Having Sinned," *Nature* 435, no. 7043 (June 2005): 718–19, https://doi.org/10.1038/435718b.

24 哈佛大學教授馬克·豪瑟：Nicholas Wade, "Harvard Researcher May Have Fabricated Data," *The New York Times*, August 27, 2010, https://www.nytimes.com/2010/08/28/science/28harvard.html.

25 他用這個題目發表了一篇論文：M. D. Hauser, "Costs of Deception: Cheaters Are Punished in Rhesus Monkeys (Macaca Mulatta)," *Proceedings of the National Academy of Science* 89, no. 24 (1992): 12137–39, https://doi.org/10.1073/pnas.89.24.12137.

26 行爲經濟學一項影響深遠的研究：Nina Mazar, On Amir, and Dan Ariely, "The Dishonesty of Honest People: A Theory of Self-Concept Maintenance," *Journal of Marketing Research* 45, no. 6 (2008): 633–44, https://doi.org/10.1509/jmkr.45.6.633.

27 他在〈伯明罕獄中書信〉中指出：Martin Luther King Jr., "Letter from a Birmingham Jail [King, Jr.]," April 16, 1963, accessed April 2020, https://www.africa.upenn.edu/Articles_Gen/Letter_Birmingham.html.

28 就像美國法學家、哈佛法學教授：David Souter, Ruth B. Ginsburg, David S. Tatel, and Linda Greenhouse, "The Supreme Court and Useful Knowledge: Panel Discussion," *Proceedings of the American Philosophical Society* 154, no. 3 (September 2010): 294–306, https://doi.org/10.2307/41000082.

6 變通的心性

1 把埃舒扭曲爲惡魔：For more information on how the Catholic Church in Brazil demonized Eshu, I suggest reading: Reginaldo Prandi, "Exu, de Mensageiro a Diabo. Sincretismo Católico e Demonização do Orixá Exu," *Revista USP* 50 (August 30, 2001): 46,https://doi.org/10.11606/issn.2316-9036.v0i50p46-63.

2 祂在約魯巴的神話中：John Pemberton, "Eshu-Elegba: The Yoruba Trickster God," *African Arts* 9, no. 1 (October 1975): 20, https://doi.org/10.2307/3334976.

3 約魯巴人視祂爲改變之神：Joan Wescott, "The Sculpture and Myths of Eshu-Elegba, the Yoruba Trickster: Definition and Interpretation in Yoruba Iconography," *Africa* 32, no. 4 (October 1962): 336–54, https://doi.org/10.2307/1157438.

4 我們的知識可能變成詛咒：Chip Heath and Dan Heath, "The Curse of Know-

ledge," *Harvard Business Review*, December 2006, https://hbr.org/2006/12/the-curse-of-knowledge.

5 可以感激自己不是什麼都知道：For more on knowledge assumptions and deconstruction, see Sheila Jasanoff, *The Fifth Branch: Science Advisers as Policymakers* (Cambridge, Mass.: Harvard University Press, 1990).

6 一個約魯巴傳說教導我們：Judith Hoch-Smith and Ernesto Pichardo, "Having Thrown a Stone Today Eshu Kills a Bird of Yesterday," *Caribbean Review* 7, no. 4 (1978).

7 「矛盾的確信」：Steve Rayner, "Wicked Problems: Clumsy Solutions—Diagnoses and Prescriptions for Environmental Ills," First Jack Beale Memorial Lecture, University of South Wales, Sydney, Australia, July 25, 2006, James Martin Institute for Science and Civilization.

8 約翰・濟慈所說的「消極能力」：Richard Gunderman, "John Keats' Concept of 'Negative Capability'—or Sitting in Uncertainty—Is Needed Now More than Ever," *The Conversation*, February 22, 2021, https://theconversation.com/john-keats-concept-of-negative-capability-or-sitting-in-uncertainty-is-needed-now-more-than-ever-153617.

9 爵士樂團希斯兄弟所謂的「強制優先順序」：Chip Heath and Dan Heath, *Made to Stick* (New York: Random House, 2010).

10 「未知的未知」轉變成可加以探究的「已知的未知」：These terms were used by US secretary of defense Donald Rumsfeld in a news briefing. They have since been used by various scholars to describe different dimensions of uncertainty; see, for instance, Andy Stirling, "Keep It Complex," *Nature* 468, no. 7327 (December 2010): 1029–31, https://doi.org/10.1038/4681029a.

11 人類學家常說，他們的目標是：The origins of this expression are disputed. Some trace it back to T. S. Eliot's essay on Andrew Marvell; see T.S. Eliot, *Selected Essays* (New York: Harcourt Brace Jovanovich, 1978).

12 更能在兩種極端的管理策略之間游刃有餘：Ann Langley, "Between 'Paralysis by Analysis' and 'Extinction by Instinct,' " *MIT Sloan Management Review*, April 15, 1995, https://sloanreview.mit.edu/article/between-paralysis-by-analysis-and-extinction-by-instinct/.

13 改寫法國哲學家吉爾・德勒茲：This brick analogy was in Brian Massumi's translator's introduction in Gilles Deleuze and Félix Guattari, *A Thousand Plateaus: Capitalism and Schizophrenia* (Minneapolis and London: University of Minnesota Press, 1987).

14 安尼爾堅信：Anil K. Gupta, *Grassroots Innovation: Minds on the Margin Are Not*

Marginal Minds (Delhi: Penguin Random House, 2016).

15 專家的問題在於他們太仰賴自己所知：For more on differences between insiders and outsiders, see Roger Evered and Meryl Reis Louis, "Alternative Perspectives in the Organizational Sciences: 'Inquiry from the Inside' and 'Inquiry from the Outside,' " *Academy of Management Review* 6, no. 3 (July 1981): 385– 95, https://doi.org/10.5465/amr.1981.4285776.

16 套用小說家約翰・史坦巴克的話：John Steinbeck, *The Grapes of Wrath* (New York: Viking, 1939).

17 行爲經濟學家已經證實：For more information, see Daniel Kahneman, Jack L. Knetsch, and Richard H. Thaler, "Experimental Tests of the Endowment Effect and the Coase Theorem," *Journal of Political Economy* 98, no. 6 (December 1990): 1325–48, https://doi.org/10.1086/261737; and Dan Ariely, Predictably Irrational: The Hidden Forces That Shape Our Decisions (New York: Harper Perennial, 2010).

18 《跨能致勝》中說了：David Epstein, *Range: Why Generalists Triumph in a Specialized World* (New York: Riverhead Books, 2019).

19 包括谷歌、臉書等組織 Suresh S. Malladi and Hemang C. Subramanian, "Bug Bounty Programs for Cybersecurity: Practices, Issues, and Recommendations," *IEEE Software* 37, no. 1 (January 2020): 31–39, https://doi.org/10.1109/ms.2018.2880508.

20 公司常努力在利用既有：There are many studies on balancing exploitation and exploration (sometimes referred to as ambidexterity) in organizational strategy. For more information, see James G. March, "Exploration and Exploitation in Organizational Learning," *Organization Science* 2, no. 1 (1991): 71–87, http://www.jstor.org/stable/2634940; and Charles A. O'Reilly and Michael L. Tushman, "Organizational Ambidexterity: Past, Present, and Future," *Academy of Management Perspectives* 27, no. 4 (November 2013): 324–38, https://doi.org/10.5465/amp.2013.0025.

21 在日本，「職務輪調」計畫：Ikujiro Nonaka and Johny K. Johansson, "Japanese Management: What About the 'Hard' Skills?," *Academy of Management Review* 10, no. 2 (April 1985): 181–91, https://doi.org/10.5465/amr.1985.4277850.

22 欣然接受矛盾和懷疑：For more on embracing ambivalence and acting in situations of ambiguity, read this book on systems thinking: Peter M. Senge, *The Fifth Discipline: The Art and Practice of the Learning Organization* (New York: Doubleday, 1990).

23 或許能啓發新可能性的零碎進展：There are studies in different areas of knowledge on the value of partial activity in situations of ambiguity. See, for

example, this prominent study in public administration: Charles E. Lindblom, "The Science of 'Muddling Through,' " *Public Administration Review* 19, no. 2 (1959), https://faculty.washington.edu/mccurdy/SciencePolicy/Lindblom%20Muddling%20Through.pdf.

24 所謂的「本質複雜性」：For more information on essential and accidental complexity, see F. P. Brooks, "No Silver Bullet Essence and Accidents of Software Engineering," *IEEE Computer* 20, no. 4 (April 1987): 10–19, https://doi.org/10.1109/mc.1987.1663532.

25 複雜的情勢沒有明確的因果關係：For more on complexity, see Stuart A. Kauffman, "The Sciences of Complexity and 'Origins of Order,' " *PSA: Proceedings of the Biennial Meeting of the Philosophy of Science Association* 1990, no. 2 (January 1990): 299–322, https://doi.org/10.1086/psaprocbienmeetp.1990.2.193076.

26 世界有些最棘手的挑戰之所以複雜：For more on complex problems, I suggest reading literature on "wicked problems," starting with this seminal article: Horst W. J. Rittel and Melvin M. Webber, "Dilemmas in a General Theory of Planning," *Policy Sciences* 4, no. 2 (June 1973): 155–69, https://doi.org/10.1007/bf01405730.

27 當雷神山尚戈問：Migine González-Wippler, *Tales of the Orishas* (New York: Original Publications, 1985).

7 變通的積木

1 今天很多最艱鉅的挑戰都是千頭萬緒：For more information on messy organizations and wicked situations, see Russell Lincoln Ackoff, Herbert J. Addison, and Andrew Carey, *Systems Thinking for Curious Managers: With 40 New Management F-Laws* (Axminster, Devon, UK: Triarchy Press, 2010); and Steven Ney and Marco Verweij, "Messy Institutions for Wicked Problems: How to Generate Clumsy Solutions?," *Environment and Planning C: Government and Policy* 33, no. 6 (December 2015): 1679–96, https://doi.org/10.1177/0263774x15614450.

2 心理學家馬斯洛在一九六六年所說：Abraham H. Maslow, *The Psychology of Science: A Reconnaissance* (South Bend, Ind.: Gateway Editions, 1966).

3 還可能引發一種宿命論：Mary Douglas, *Natural Symbols: Explorations in Cosmology* (Abingdon, UK: Routledge, 2003).

4 尚比亞的腹瀉死亡率是芬蘭的七百二十倍：I used data from UNICEF's data set

of diarrheal death rates of all countries, available on the World Bank's website, to compare Finland and Zambia: https://data.worldbank.org/indicator/SH.STA.ORTH.

5 根據華盛頓大學健康指標和評估研究所的資料：Institute for Health Metrics and Evaluation, "Diarrhoea Prevalence, Rate, Under 5, Male, 2019, Mean," University of Washington, 2018, https://vizhub.healthdata.org/lbd/diarrhoea.

6 讓你不僅明白自己擁有多少知識：For more on the extent of our ignorance and how to make more factful analyses and decisions, see Hans Rosling, Ola Rosling, and Anna Rönnlund Rosling, *Factfulness: Ten Reasons We' re Wrong About the World—and Why Things Are Better than You Think* (New York: Flatiron Books, 2018).

7 三隻小豬的故事：Paul Galdone, *The Three Little Pigs* (New York: Seabury Press, 1970).

8 聯合國難民署的資訊：UN High Commissioner for Refugees, "Figures at a Glance," UNHCR, accessed April 2020, https://www.unhcr.org/uk/figures-at-a-glance.html.

9 像愛麗絲那樣問柴郡貓：Lewis Carroll, *Alice in Wonderland and Through the Looking Glass* (New York: Grosset and Dunlap, 1946).

8 你的組織裡的變通思維

1 「我老是碰到那種擁有專業的人士……」：Will Schwalbe, *The End of Your Life Book Club* (New York: Knopf, 2012).

2 他們常無法靠計畫替複雜的問題找到出路：For more information, see Senge, *The Fifth Discipline*; Rittel and Webber, "Dilemmas in a General Theory of Planning;" *Ackoff, Addison, and Carey, Systems Thinking for Curious Managers*; and Ney and Verweij, "Messy Institutions for Wicked Problems."

3 心理學研究卻顯示：For an example of these studies, see Thomas Gilovich and Victoria Husted Medvec, "The Experience of Regret: What, When, and Why," *Psychological Review* 102, no. 2 (1995): 379–95, https://doi.org/10.1037/0033-295x.102.2.379.

4 套句英國小說家伊恩・麥克尤恩：Ian McEwan, *Solar* (London: Jonathan Cape, 2010).

5 勞倫斯・彼得說的：Laurence J. Peter, *Peter' s Almanac* (New York: William Morrow, 1982).

6 系統變革實踐者建議：This idea has been reproduced by many systems change

practitioners, and it has been used by some philanthropic organizations in the social impact space, such as the Omidyar Foundation. For more information, read Peter Serge, Hal Hamilton, and John Kania, "The Dawn of System Leadership," *Stanford Social Innovation Review* 13, no. 1 (2015), https://doi.org/10.48558/YTE7-XT62.

7 與其執著一個最要緊的目標：Roy Steiner, "Why Good Intentions Aren't Enough," Medium, Omidyar Network, May 12, 2017, https://medium.com/omidyar-network/why-good-intentions-arent-enough-698b161435f0.

8 不同於將特定專案（及其成敗）的責任：For more information, see Steven Levy, *Hackers: Heroes of the Computer Revolution* (Sebastopol, Calif.: O'Reilly, 2010); and Eric S. Raymond, ed., *The New Hacker’s Dictionary* (Cambridge, Mass.: MIT Press, 1991).

9 平衡責任：eWeek editors, "Python Creator Scripts Inside Google," interview of Guido van Rossum by Peter Coffee, eWeek, March 6, 2006, https://www.eweek.com/development/python-creator-scripts-inside-google/.

10 過度強調特定任務：For more information, see Eric S. Raymond, "The Cathedral and the Bazaar," *First Monday* 3, no. 2 (March 2, 1998), https://doi.org/10.5210/fm.v3i2.578; and Eric S. Raymond, "Homesteading the Noosphere," *First Monday* 3, no. 10 (October 5, 1998), https://doi.org/10.5210/fm.v3i10.621.

11 一九九六年，研究人員羅伊・鮑邁斯特：Roy F. Baumeister, Ellen Bratslavsky, Mark Muraven, and Dianne M. Tice, "Ego Depletion: Is the Active Self a Limited Resource?," *Journal of Personality and Social Psychology* 74, no. 5 (1998): 1252–65, https://doi.org/10.1037//0022-3514.74.5.1252.

12 轉向的意思是：For more information on pivoting, see John W. Mullins and Randy Komisar, *Getting to Plan B: Breaking Through to a Better Business Model* (Boston: Harvard Business School Publishing, 2009).

13 擴大影響範圍的不同方向（縱向、深化或向外）：我重新解釋了 Michele-Lee Moore, Darcy Riddell, and Dana Vocisano, 的「縱向擴張」「深化效益」和「向外擴散」之間的區別，"Scaling Out, Scaling Up, Scaling Deep: Strategies of Non-Profits in Advancing Systemic Social Innovation," *Journal of Corporate Citizenship* 2015, no. 58 (June 1, 2015): 67–84, https://doi.org/10.9774/gleaf.4700.2015.ju.00009.

14 「深化效益」是指：For more on scaling with stronger ties, see Cynthia Rayner and François Bonnici, *The Systems Work of Social Change: How to Harness Connection, Context, and Power to Cultivate Deep and Enduring Change* (Oxford: Oxford University Press, 2021).

15 援助組織：For a critical view of the impact of aid, see Dambisa Moyo, *Dead Aid:*

Why Aid Is Not Working and How There Is a Better Way for Africa (New York: Farrar, Straus and Giroux, 2009).

16 常自詡爲白人救世主的企業家了：For more on hero-like social entrepreneurs, see these three sources: Alex Nicholls, "The Legitimacy of Social Entrepreneurship: Reflexive Isomorphism in a Pre-Paradigmatic Field," *Entrepreneurship Theory and Practice* 34, no. 4 (July 2010): 611–33, https://doi.org/10.1111/j.1540-6520.2010.00397.x; P. Grenier, "Social Entrepreneurship in the UK: From Rhetoric to Reality?," in *An Introduction to Social Entrepreneurship: Voices, Preconditions, Contexts*, ed. R. Zeigler (Cheltenham, Gloucester, UK: Edward Elgar, 2009); and A. Nicholls and A. H. Cho, "Social Entrepreneurship: The Structuration of a Field," in *Social Entrepreneurship: New Models of Sustainable Change*, ed. A. Nicholls (Oxford: Oxford University Press, 2006).

17 有時更讓事況雪上加霜：For more information on the unintended consequences of entrepreneurial efforts, see Robert K. Merton, "The Unanticipated Consequences of Purposive Social Action," *American Sociological Review* 1, no. 6 (December 1936): 894, https://doi.org/10.2307/2084615.

18 倫敦商學院教授赫米尼亞・伊巴拉：Herminia Ibarra, *Act Like a Leader, Think Like a Leader* (Boston: Harvard Business Review Press, 2015).

19 建構意義的一個過程：Herminia Ibarra, "Provisional Selves: Experimenting with Image and Identity in Professional Adaptation," *Administrative Science Quarterly* 44, no. 4 (December 1999): 764, https://doi.org/10.2307/2667055.

20 牛津大學教授史提夫・雷納：" Rayner, "Wicked Problems."

21 唐納德・溫尼柯特：D. W. Winnicott, "The Theory of the Parent-Infant Relationship," *International Journal of Psycho-Analysis* 41 (1960): 585–95, https://icpla.edu/wp-content/uploads/2012/10/Winnicott-D.-The-Theory-of-the-Parent-Infant-Relationship-IJPA-Vol.-41-pps.-585–595.pdf.

22 務實的文化：To learn more about pragmatism as a school of thought in the social sciences, see these two articles: N. A. Gross, "Pragmatist Theory of Social Mechanisms," *American Sociological Review* 74, no. 3 (2009): 358–79; and J. Whitford, "Pragmatism and the Untenable Dualism of Means and Ends: Why Rational Choice Theory Does Not Deserve Paradigmatic Privilege," Theory and Society 31 (2002): 325–63.

23 麥爾坎・葛拉威爾：Malcolm Gladwell, "The Real Genius of Steve Jobs," *The New Yorker*, November 6, 2011, https://www.newyorker.com/magazine/2011/11/14/the-tweaker.

24 不斷嘗試探索更好的路線：For more information, see Sidney G. Winter, "Purpose

and Progress in the Theory of Strategy: Comments on Gavetti," *Organization Science* 23, no. 1 (February 2012): 288–97, https://doi.org/10.1287/orsc.1110.0696; Teppo Felin, Stuart Kauffman, Roger Koppl, and Giuseppe Longo, "Economic Opportunity and Evolution: Beyond Landscapes and Bounded Rationality," Strategic Entrepreneurship Journal 8, no. 4 (May 21, 2014): 269–82, https://doi.org/10.1002/sej.1184; and Lindblom, "The Science of 'Muddling Through.' "

25 亞當・格蘭特承認：Adam Grant, *Originals: How Non-Conformists Move the World* (New York: Viking Penguin, 2016).

26 比爾・蓋茲：Grant, Originals.

27 領導力不是只有少數個人與生俱有的能力：For more on leaders as individuals acting in situations of uncertainty, see Hongwei Xu and Martin Ruef, "The Myth of the Risk-Tolerant Entrepreneur," *Strategic Organization* 2, no. 4 (November 2004): 331–55, https://doi.org/10.1177/1476127004047617; Joseph Raffiee and Jie Feng, "Should I Quit My Day Job?: A Hybrid Path to Entrepreneurship," *Academy of Management Journal* 57, no. 4 (August 2014): 936–63, https://doi.org/10.5465/amj.2012.0522; Grant, Originals; and Ibarra, Act Like a Leader, Think Like a Leader.

28 詹比耶洛・彼崔格里利說：G. Petriglieri, "The Psychology Behind Effective Crisis Leadership," *Harvard Business Review*, Crisis Management, April 22, 2020, https://hbr.org/2020/04/the-psychology-behind-effective-crisis-leadership.

29 套用羅素・艾可夫的說法：Russell L. Ackoff, "The Art and Science of Mess Management," *Interfaces* 11, no. 1 (February 1981): 20–26, https://doi.org/10.1287/inte.11.1.20.

30 紐西蘭總理潔辛達・阿爾登：For more information, see Uri Friedman, "New Zealand's Prime Minister May Be the Most Effective Leader on the Planet," *The Atlantic*, April 19, 2020, https://www.theatlantic.com/politics/archive/2020/04/jacinda-ardern-new-zealand-leadership-coronavirus/610237/.

31 巴西總統雅伊・波索納洛：For more information, see "The Guardian View on Bolsonaro's Covid Strategy: Murderous Folly," editorial, *The Guardian*, October 27, 2021, https://www.theguardian.com/commentisfree/2021/oct/27/the-guardian-view-on-bolsonaros-covid-strategy-murderous-folly.

32 管理學家所謂的「強健行動」：For more information, see these two sources: John F. Padgett and Christopher K. Ansell, "Robust Action and the Rise of the Medici, 1400–1434," *American Journal of Sociology* 98, no. 6 (1993): 1259–1319, http://www.jstor.org/stable/2781822; and Amanda J. Porter, Philipp Tuertscher, and Marleen Huysman, "Saving Our Oceans: Scaling the Impact of Robust Action

Through Crowdsourcing," *Journal of Management Studies* 57, no. 2 (2020): 246–86, https://doi.org/10.1111/joms.12515.

33 強健行動有三種參與形式：Fabrizio Ferraro, Dror Etzion, and Joel Gehman, "Tackling Grand Challenges Pragmatically: Robust Action Revisited," *Organization Studies* 36, no. 3 (February 24, 2015): 363–90, https://doi.org/10.1177/0170840614563742.

34 接受較開放的創新策略：Henry W. Chesbrough, *Open Innovation: The New Imperative for Creating and Profiting from Technology* (Boston: Harvard Business School Press, 2006).

35 在共同創造的過程中：For more information on co-creation, see C. K. Prahalad and Venkat Ramaswamy, "Co-Creation Experiences: The Next Practice in Value Creation," *Journal of Interactive Marketing* 18, no. 3 (January 2004): 5–14, https://doi.org/10.1002/dir.20015.

36 團體決策未必是最好的決定：There are many studies on the dangers of conformity and undesirable group behaviors in psychology and behavioral economics. See this seminal study: Irving L. Janis, *Victims of Groupthink* (Boston: Houghton Mifflin, 1972).

Eurasian Publishing Group
圓神出版事業機構
用心與你對話．視野無限寬廣
先覺出版社
Prophet Press

www.booklife.com.tw
reader@mail.eurasian.com.tw

商戰系列 238

變通思維：

劍橋大學、比爾蓋茲、IBM都推崇的四大問題解決工具

作　　者／保羅．薩瓦加（Paulo Savaget）
譯　　者／洪世民
發 行 人／簡志忠
出 版 者／先覺出版股份有限公司
地　　址／臺北市南京東路四段50號6樓之1
電　　話／（02）2579-6600．2579-8800．2570-3939
傳　　真／（02）2579-0338．2577-3220．2570-3636
副 社 長／陳秋月
主　　編／李宛蓁
責任編輯／林淑鈴
校　　對／劉珈盈．林淑鈴
美術編輯／林韋伶
行銷企畫／陳禹伶．黃惟儂
印務統籌／劉鳳剛．高榮祥
監　　印／高榮祥
排　　版／莊寶鈴
經 銷 商／叩應股份有限公司
郵撥帳號／ 18707239
法律顧問／圓神出版事業機構法律顧問　蕭雄淋律師
印　　刷／祥峰印刷廠
2023年9月　初版
2024年3月　4刷

The Four Workarounds

定價 420 元　　ISBN 978-986-134-470-6

你曾經拿刀子當作螺絲起子，或者用鞋子權充榔頭嗎？如果你曾這麼做，就是爲某個產品找到製造商沒有預見的應用方式，將它用於其他用途。只要你能橫向思考，這個做法可以爲你的產品或服務帶來豐沛的創新。

——《橫向思考：打破慣性，化解日常問題的不凡工具》

國家圖書館出版品預行編目資料

變通思維：劍橋大學、比爾蓋茲、IBM都推崇的四大問題解決工具／保羅・薩瓦加（Paulo Savaget）著；洪世民譯. -- 初版. -- 臺北市：先覺出版股份有限公司，2023.9

352 面；14.8×20.8公分 --（商戰系列：238）

譯自：The Four Workarounds: Strategies from the World's Scrappiest Organizations for Tackling Complex Problems

ISBN 978-986-134-470-6（平裝）

1.CST：商業管理　2.CST：策略規劃　3.CST：思維方法

494.1　　112011919